高空作业机械从业人员安全技术职业培训教材

施工升降平台操作安装维修工

中国建设劳动学会建设安全专业委员会
江苏省高空机械吊篮协会 组织编写
无锡市住房和城乡建设局
喻惠业 主编

中国建筑工业出版社

图书在版编目（CIP）数据

施工升降平台操作安装维修工 / 中国建设劳动学会建设安全专业委员会，江苏省高空机械吊篮协会，无锡市住房和城乡建设局组织编写；喻惠业主编．—北京：中国建筑工业出版社，2021.8

高空作业机械从业人员安全技术职业培训教材

ISBN 978-7-112-26464-3

Ⅰ.①施…　Ⅱ.①中…　②江…　③无…　④喻…　Ⅲ.①高空作业—安全培训—教材　Ⅳ.①TU744

中国版本图书馆 CIP 数据核字（2021）第 165300 号

高空作业机械从业人员安全技术职业培训教材

施工升降平台操作安装维修工

中国建设劳动学会建设安全专业委员会
江 苏 省 高 空 机 械 吊 篮 协 会　组织编写
无 锡 市 住 房 和 城 乡 建 设 局

喻惠业　主　　编

*

中国建筑工业出版社出版、发行（北京海淀三里河路 9 号）

各地新华书店、建筑书店经销

北京建筑工业印刷厂制版

北京建筑工业印刷厂印刷

*

开本：850 毫米×1168 毫米　1/32　印张：5　字数：133 千字

2021 年 9 月第一版　　2021 年 9 月第一次印刷

定价：**27.00** 元

ISBN 978-7-112-26464-3

（37993）

随着社会经济高速发展，建筑物高度越来越高，施工速度越来越快，施工升降平台替代传统脚手架进行装饰、装修及各类外墙施工，在建筑施工现场获得越来越广泛使用，尤其在装配式建筑施工中，已经成为不可或缺的高空机械施工配套设备。由于施工升降平台安装、拆卸或使用不当，也会发生生产安全事故，因此，与其有关的从业人员接受系统的安全技术职业培训考核，持证上岗是十分必要的。

本教材共分 7 章，包括：职业道德与施工安全基础教育；施工升降平台基础知识；施工升降平台安全技术要求；施工升降平台安装与拆卸；施工升降平台的安全操作；施工升降平台维护、保养与修理；施工升降平台的危险辨识、故障排除与应急处置。

本着科学、实用、适用的原则，本教材内容深入浅出，语言通俗易懂，形式图文并茂，系统性、权威性、可操作性强。既可作为高空作业机械从业人员职业技能提升培训教材，也可作为施工现场有关人员常备参考书和自学用书。

责任编辑：王华月　张　磊　范业庶
责任校对：张惠雯

高空作业机械从业人员安全技术职业培训教材

编审委员会

本书编委会

主　　编：喻惠业

副 主 编：吴　杰　吴灿彬

审核人员：吴仁山　闵向林　孙　佳　吴占涛

编写人员：刘志刚　蔡东高　汤　剑　陈敏华　鲍煜晋
张大骏　葛伊杰　周铁仁　张　帅　杜景鸣
董连双　费　强　朱建伟　戈振华　俞莉梨

序　言

随着我国现代化建设的飞速发展，一大批高空作业机械设备应运而生，逐步取代传统脚手架和吊绳坐板（俗称“蜘蛛人”）等落后的载人登高作业方式。高空作业机械设备的不断涌现，不仅有效地提高了登高作业的工作效率、改善了操作环境条件、降低了工人劳动强度、提高了施工作业安全性，而且极大地发挥了节能减排的社会效益。

高空作业机械虽然相对于传统登高作业方式大大提高了作业安全性，但是它仍然属于危险性较大的高处作业范畴，而且还具有机械设备操作的危险性。虽然高空作业机械按照技术标准与设计规范均设有全方位、多层次的安全保护装置，但是这些安全保护装置与安全防护措施必须在正确安装、操作、维护、修理和科学管理的前提下才能有效发挥其安全保护作用。因此，高空作业机械对于作业人员的理论水平、实际操作技能等综合素质提出了更高的要求。面对全国数百万从事高空作业机械操作、安装、维修的高危作业人员，亟待进行系统专业的安全技术职业培训，提升其职业技能和职业素质。

为加强建筑施工安全管理，提高高危作业施工人员的职业技能和素质，根据《国务院办公厅关于印发职业技能提升行动方案（2019—2021年）》（国办发〔2019〕24号）文件精神，中国建设劳动学会建设安全专业委员会、江苏省高空机械吊篮协会和无锡市住房和城乡建设局共同组织编写了《高空作业机械从业人员安全技术职业培训教材》系列丛书。

中国建设劳动学会建设安全专业委员会是由住房和城乡建设行业从事工程建设活动、建设安全服务、建设职业技能教育、职业技能评估、安全教育培训、建设安全产业等企事业单位及相关专家、学者组成的全国性学术类社团分支机构。其基本宗旨：深入贯彻落实党中央、国务院关于加强安全生产工作的重大决策部署，坚持人民至上、生命至上、安全第一、标本兼治安全发展理念，加强学术理论研究，指导与推进住房和城乡建设系统从业人员安全教育培训和高素质产业工人队伍建设，大力推进建筑施工、市政公用设施、城镇房屋、农村住房、城市管理等重点领域安全生产工作持续深入卓有成效开展，为新时代住房和城乡建设高质量发展提供坚实的人才支撑与安全保障。其主要任务是开展住房和城乡建设系统从业人员安全教育培训体系研究；组织制定各专业领域建设安全培训考评标准体系、教材体系；指导与推进从业人员安全培训基地建设与人员培训监管工作；开展建设安全科普教育，组织开展建设安全社会宣传；开展建设安全咨询服务；开展建设安全国际交流与合作；完成中国建设劳动学会委托的相关任务。

江苏是建筑大省，无锡是高空机械“吊篮之乡”。江苏省高空机械吊篮协会是全国唯一的专门从事高空作业机械工程技术研究与施工安全管理的专业性协会，汇聚了全行业绝大多数知名专家，承担过国家“十一五”“十二五”和“十三五”科技支撑计划重点项目；获得过国家建设科技“华夏奖”等重大奖项；拥有数百项国家专利；参与过住房和城乡建设部重大课题研究，起草过全国性技术法规；主编和参与编制《高处作业吊篮》《擦窗机》《导架爬升式工作平台》等高空作业机械领域的全部国家标准；参与编写过《高处施工机械设施安全实操手册》《高空清洗作业人员实用操作安全技术》《高空作业机械安全操作与维修》《建筑施工高处作业机械安全使用与事故分析》和《高处作业吊篮安装拆卸工》等全国性职业安全技术培训教材。

作为“吊篮之乡”的地方政府建设主管部门——无锡市住房和城乡建设局在全国率先出台过众多关于加强对高处作业吊篮等高空作业机械施工安全管理方面文件与政策，为加强安全生产与管理，引领行业良性循环发展，起到了积极的指导作用。

本系列教材首批出版发行的是《高处作业吊篮操作工》《附着升降脚手架安装拆卸工》《施工升降平台操作安装维修工》和《擦窗机操作安装维修工》四个工种的安全技术培训教材，今后还将陆续分批出版发行本职业其他工种的培训教材。

本系列教材的编写工作，得到了沈阳建筑大学、湖南大学、高空机械工程技术研究院、申锡机械集团有限公司、无锡市小天鹅建筑机械有限公司、无锡天通建筑机械有限公司、上海再瑞高层设备有限公司、上海普英特高层设备股份有限公司、中宇博机械制造股份有限公司、上海凯博高层设备有限公司、无锡安高检测有限公司、雄宇重工集团股份有限公司、无锡驰恒建设有限公司、成都嘉泽正达科技有限公司、无锡城市职业技术学院和江苏鼎都检测有限公司以及有关方面专家们的大力支持，并分别承担了本系列教材各书的编写工作，在此一并致谢！

本系列教材主要用于高空作业机械从业人员职业安全技术培训与考核，也可作为专业院校和培训机构的教学用书。如有不妥之处，敬请广大读者提出宝贵意见。

高空作业机械从业人员安全技术职业培训教材编审委员会

2021 年 4 月

前　言

为加强建筑施工安全管理，提高高危作业施工人员的职业技能和职业素质，保护施工人员生命安全和身体健康，根据《国务院办公厅关于印发职业技能提升行动方案（2019—2021年）》（国办发〔2019〕24号）文件精神，积极配合政府主管部门开展高危作业人员的职业技能培训提升工作，我们编写了《施工升降平台操作安装维修工》安全技术职业培训教材。

随着社会经济高速发展，建筑物高度越来越高，施工速度越来越快，施工升降平台替代传统脚手架进行装饰、装修及各类外墙施工，在建筑施工现场获得越来越广泛使用，尤其在装配式建筑施工中，已经成为不可或缺的高空机械施工配套设备。

由于施工升降平台安装、拆卸或使用不当，也会发生生产安全事故，因此，与其有关的从业人员接受系统的安全技术职业培训考核，持证上岗是十分必要的。

本教材共分七章，包括：职业道德与施工安全基础教育；施工升降平台基础知识；安全技术要求；安装与拆卸；安全操作；维护、保养与修理；危险辨识、故障排除与应急处置等内容。本着科学、实用、适用的原则，本教材内容深入浅出，语言通俗易懂，形式图文并茂，系统性、权威性、可操作性强。既可作为职业技能提升培训教材，也可作为施工现场有关人员常备参考书和自学用书。

本教材由喻惠业高级工程师主编，吴仁山教授、闵向林副处长、孙佳博士和吴占涛副教授审核。在教材编写过程中得到吴杰、吴灿彬、刘志刚、蔡东高、汤剑、陈敏华、鲍煜晋、张大骏、葛伊杰、周铁仁、张帅、杜景鸣、董连双、费强、朱建伟、戈振华和俞莉梨等专家的积极参与和支持，谨此表示感谢！存在不妥之处，欢迎广大读者批评指正。

编　者

2021 年 5 月

目　　录

第一章　职业道德与施工安全基础教育

第一节　职业道德基础教育

一、职业道德的基本概念

1. 什么是职业道德

职业道德是指从事一定职业的从业人员在职业活动中应当遵循的道德准则和行为规范，是社会道德体系的重要组成部分，是社会主义核心价值观的具体体现。职业道德通过人们的信念、习惯和社会舆论而起作用，成为人们评判是非、辨别好坏的标准和尺度，从而促使人们不断增强职业道德观念，不断提高社会责任和服务水平。

2. 职业道德的主要内容

职业道德主要包括：职业道德概念、职业道德原则、职业道德行为规范、职业守则、职业道德评价、职业道德修养等。

良好的职业道德是每个职业的从业人员都必须具备的基本品质，良好的职业修养是每一名优秀的职业从业人员必备的素质，这两点是职业对从业人员最基本的规范和要求，同时也是每个职业从业人员担负起自己的工作责任必备的素质。

3. 职业道德的含义

（1）职业道德是一种职业规范，受社会普遍的认可。

（2）职业道德是长期以来自然形成的。

（3）职业道德没有确定的形式，通常体现为观念、习惯、信念等。

（4）职业道德依靠文化、内心信念和习惯，通过职工的自律来实现。

（5）职业道德大多没有实质的约束力和强制力。

（6）职业道德的主要内容是对职业人员义务的要求。

（7）职业道德标准多元化，代表了不同职业可能具有不同的价值观。

（8）职业道德承载着职业文化和凝聚力，影响深远。

二、职业道德的基本特征

1. 具有普遍性

各行各业的从业者都应当共同遵守基本职业道德行为规范，且在全世界所有职业的从业者都有着基本相同的职业道德规范。

2. 具有行业性

职业道德具有适用范围的有限性。各行各业都担负着一定的职业责任和职业义务。由于各行各业的职业责任和义务不同，从而形成各自特定行业职业道德的具体规范。职业道德的内容与职业实践活动紧密相连，反映着特定行业的职业活动对其从业人员行为的具体道德要求。

3. 具有继承性

职业道德具有发展的历史继承性。由于职业具有不断发展和世代延续的特征，不仅其技术世代延续，其管理员工的方法、与服务对象打交道的方式，也有一定历史继承性。在长期实践过程中形成的职业道德内容，会被作为经验和传统继承下来，如“有教无类”“童叟无欺”“修合无人见，存心有认知”等千年古训，都是所在行业流传至今的职业道德。

4. 具有实践性

职业行为过程，就是职业实践过程，只有在实践过程中，才能体现出职业道德的水准。职业道德的作用是调整职业关系，对从业人员职业活动的具体行为进行规范，解决现实生活中的具体道德冲突。一个从业者的职业道德知识、情感、意志、信念、觉悟、良心等都必须通过职业的实践活动，在自己的行为中表现出来，并且接受行业职业道德的评价和自我评价。

5. 具有多样性

职业道德表达形式多种多样。不同的行业和不同的职业，有不同的职业道德标准，且表现形式灵活多样。职业道德的表现形式总是从本职业的交流活动实际出发，采用诸如制度、守则、公约、承诺、誓言、条例等形式，乃至标语口号之类加以体现，既易于为从业人员接受和实行，也便于形成一种职业的道德习惯。

6. 具有自律性

从业者通过对职业道德的学习和实践，逐渐培养成较为稳固的职业道德习惯与品质。良好的职业道德形成以后，又会在工作中逐渐形成行为上的条件反射，自觉地选择有利于社会、有利于集体的行为。这种自觉性就是通过自我内心职业道德意识、觉悟、信念、意志、良心的主观约束控制来实现的。

7. 具有他律性

道德行为具有受舆论影响与监督的特征。在职业生涯中，从业人员随时都要受到所从事职业领域的职业道德舆论的影响与监督。实践证明，创造良好职业道德的社会氛围、职业环境，并通过职业道德舆论的宣传与监督，可以有效地促进人们自觉遵守职业道德，并实现互相监督，共同提升道德境界。

三、职业道德的主要作用

1. 加强职业道德是提高从业人员责任心的重要途径

职业道德要求把个人理想同各行各业、各个单位的发展目标结合起来，同个人的岗位职责结合起来，以增强员工的职业观念、职业事业心和职业责任感。职业道德要求员工在本职工作中不怕艰苦，勤奋工作，既讲团结协作，又争个人贡献，既讲经济效益，又讲社会效益。加强职业道德要求紧密联系本行业本单位的实际，有针对性地解决存在的问题。

2. 加强职业道德是促进企业和谐发展的迫切要求

职业道德的基本职能是调节职能，一方面可以调节从业人员内部的关系，即运用职业道德规范约束职业内部人员的行为，促进职业内部人员的团结与合作，加强职业、行业内部人员的凝聚力；另一方面，职业道德又可以调节从业人员与服务对象之间的关系，用来塑造本职业从业人员的社会形象。

3. 加强职业道德是提高企业竞争力的必要措施

当前市场竞争激烈，各行各业都讲经济效益，要求企业的经营者在竞争中不断开拓创新。在企业中加强职业道德教育，使得企业在追求自身利润的同时，又能创造好的社会效益，从而提升企业形象，赢得持久而稳定的市场份额；同时，也使企业内部员工之间相互尊重、相互信任、相互合作，从而提高企业凝聚力，企业方能在竞争中稳步发展。

4. 加强职业道德是个人健康发展的基本保障

市场经济对于职业道德建设有其积极一面，也有消极的一面。提高从业人员的道德素质，树立职业理想，增强职业责任感，形成良好的职业行为，抵抗物欲诱惑，不被利欲熏心，才能脚踏实地在本行业中追求进步。在社会主义市场经济条件下，只有具备职业道德精神的从业人员，才能在社会中站稳脚跟，成为社会的栋梁之材，在为社会创造效益的同时，也保障了自身的健康发展。

5. 加强职业道德教育是提高全社会道德水平的重要手段

职业道德是整个社会道德的主要组成部分。它一方面涉及每个从业者如何对待职业，如何对待工作，同时也是一个从业人员的生活态度、价值观念的表现，是一个人的道德意识和道德行为发展到成熟阶段的体现，具有较强的稳定性和连续性。另一方面，职业道德也是一个职业集体甚至一个行业全体人员的行为表现，如果每个行业、每个职业集体都具备优良的职业道德，那么对整个社会道德水平的提高就会发挥重要作用。

四、职业道德基本规范与职业守则

1. 职业道德基本规范

职业道德的基本规范是爱岗敬业，忠于职守；诚实守信，办事公道；遵纪守法，廉洁奉公；服务群众，奉献社会。

（1）爱岗敬业

爱岗敬业是爱岗与敬业的总称。爱岗和敬业，互为前提，相互支持，相辅相成。“爱岗”是“敬业”的基石，“敬业”是“爱岗”的升华。

爱岗：就是从业人员首先要热爱自己的工作岗位，热爱本职工作，才能安心工作、献身所从事的行业，把自己远大的理想和追求落到工作实处，在平凡的工作岗位上做出非凡的贡献。

敬业：是从业人员职业道德的内在要求，是要以一种严肃认真的态度对待工作，工作勤奋努力，精益求精，尽心尽力，尽职尽责。敬业是随着市场经济市场的发展，对从业人员的职业观念、态度、技能、纪律和作风都提出新的更高的要求。

（2）忠于职守

忠于职守有两层含义：一是忠于职责，二是忠于操守。忠于职责，就是要自动自发地担当起岗位职能设定的工作责任，优质高效地履行好各项义务。忠于操守，就是为人处世必须忠诚地遵守一定的社会法则、道德法则和心灵法则。

忠于职守就是要把自己职业范围内的工作做好，努力达到工作质量标准和规范要求。

2. 职业守则

职业守则就是从事某种职业时必须遵循的基本行为规则，也称准则。每一个行业都有必须遵守的行为规则，把这种规则用文字形态列成条款，形成每一个成员必须遵守的规定，叫作职业守则。

机械行业的职业守则至少应包括以下内容：

（1）遵守法律法规；

（2）具有高度的责任心;

（3）严格执行机械设备安全操作规程。

第二节　高空作业机械从业人员的职业道德

一、高空作业机械行业的职业特点

1. 高空作业机械设备具有双重危险性

施工升降平台、高处作业吊篮、擦窗机和附着升降脚手架等高空作业机械设备，既具有高处作业的危险性，同时又具备机械设备操作的双重危险性。

高空作业机械从业人员最突出的职业特点是，所面对的设备设施都是载人高处作业的，其操作具有极大的危险性，稍有不慎就可能造成对本人或对他人的伤害。高空作业机械作业的高危性决定了从业人员必须具备良好的职业道德和职业素养。

2. 高空作业机械设备比特种设备具有更大的危险性

虽然目前许多高空作业机械设备尚未被国家列入特种设备目录，但是其操作的高危性丝毫不亚于塔式起重机和施工升降机等建筑施工特种设备。而且高空作业机械设备载人高空作业，如若操作不当，非常容易发生人员伤亡事故。

据不完全统计，目前全国每年发生的载人高空作业机械设备安全事故高达数十起，伤亡上百人，而且机毁人亡的恶性事故占绝大多数。

3. 高空机械作业人员应接受培训持证上岗

2010 年 5 月，安全生产监督管理总局令第 30 号《特种作业人员安全技术培训考核管理规定》第三条: 本规定所称特种作业，是指容易发生事故，对操作者本人、他人的安全健康及设备、设施的安全可能造成重大危害的作业。

第 30 号令在附件《特种作业目录》中规定:“3 高处作业……。适用于利用专用设备进行建筑物内外装饰、清洁、装修，电力、电信等线路架设，高处管道架设，小型空调高处安装、维修，各种设备设施与户外广告设施的安装、检修、维护以及在高处从事建筑物、设备设施拆除作业”，明确将“高处作业”列入了“特种作业目录”，而且将“利用专用设备进行作业”包括在“高处作业”的适用范围内。显然，利用高空作业机械进行作业应当包括在“高处作业”的范围内，直接从事高空作业机械操作、安装、拆卸和维修的人员都应当属于特种作业人员。

2014年8月颁布的《中华人民共和国安全生产法》第二十七条进一步规定:“生产经营单位的特种作业人员必须按照国家有关规定经专门的安全作业培训，取得相应资格，方可上岗作业。”

二、高空作业机械从业人员应当具备的职业道德

1. 建筑施工行业对职业道德规范要求

高空作业机械设备主要应用于建筑施工领域，从属于建筑施工行业。根据住房和城乡建设部发布的《建筑业从业人员职业道德规范（试行)》((97) 建建综字第33号)，对施工作业人员职业道德规范要求如下。

(1) 苦练硬功，扎实工作：刻苦钻研技术，熟练掌握本工程的基本技能，努力学习和运用先进的施工方法，练就过硬本领，立志岗位成才。热爱本职工作，不怕苦、不怕累，认认真真，精心操作。

(2) 精心施工，确保质量：严格按照设计图纸和技术规范操作，坚持自检、互检、交接检制度，确保工程质量。

(3) 安全生产，文明施工：树立安全生产意识，严格执行安全操作规程，杜绝一切违章作业现象。维护施工现场整洁，不乱倒垃圾，做到工完场清。

(4) 争做文明职工，不断提高文化素质和道德修养，遵守各项规章制度，发扬劳动者的主人翁精神，维护国家利益和集体荣誉，服从上级领导和有关部门的管理，争做文明职工。

2. 高危作业人员职业道德的核心内容

（1）安全第一

必须坚持“预防为主、安全第一、综合治理”的方针，严格遵守操作规程，强化安全意识，认真执行安全生产的法律、法规、标准和规范，杜绝“三违”（违章指挥、违章操作、违反劳动纪律）现象。在工作中具有高度责任心，努力做到“三不伤害”（即：不伤害自己、不伤害他人、不被他人所伤害），树立绝不能因为自己的一时疏忽大意，而酿成机毁人亡的惨痛结果的职业道德意识。

（2）诚实守信

诚实守信作为社会主义职业道德的基本规范，是和谐社会发展的必然要求，它不仅是建设领域职工安身立命的基础，也是企业赖以生存和发展的基石。操作人员要言行一致，表里如一，真实无欺，相互信任，遵守诺言，忠实履行自己应当承担的责任和义务。

（3）爱岗敬业

高空作业机械的主要服务领域是我国支柱产业之一的建筑业。高空作业机械作为替代传统脚手架进行高处接近作业的设备，完全符合国家节能减排的产业政策，具有极强的生命力。我国高空作业机械行业经历了 40 多年的发展，目前正处在高速发展的上升阶段，属于极具发展潜力的朝阳产业。作为高空作业机械行业的从业人员应该充分体会到工作的成就感和职业的稳定感，应该为自己能在本职岗位上为国家与社会做贡献而感到骄傲和自豪。

（4）钻研技术

从业人员要努力学习科学文化知识，刻苦钻研专业技术，苦练硬功，扎实工作，熟练掌握本工作的基本技能，努力学习和运用先进的施工方法，精通本岗位业务，不断提高业务能力。对待本职工作要力求做到精益求精永无止境，要不断学习和提高职业技能水平，服务企业，服务行业，为社会做出更多、更大的贡献。

（5）遵纪守法

自觉遵守各项相关的法律、法规和政策；严格遵守本行业和本企业的规章制度、安全操作规程和劳动纪律；要公私分明，不损害国家和集体的利益，严格履行岗位职责，勤奋努力工作。

第三节　建筑施工安全有关规定

一、相关法规对建筑安全生产的规定

1.《中华人民共和国宪法》

《中华人民共和国宪法》规定，国家通过各种途径，创造劳动就业条件，加强劳动保护，改善劳动条件，并在发展生产的基础上，提高劳动报酬和福利待遇。

2.《中华人民共和国安全生产法》

《中华人民共和国安全生产法》规定，生产经营单位必须遵守本法和其他有关安全生产的法律、法规，加强安全生产管理，建立、健全安全生产责任制和安全生产规章制度，改善安全生产条件，推进安全生产标准化建设，提高安全生产水平，确保安全生产。

第一百零九条，对生产安全事故发生负有责任的生产经营单位，安监部门将对其处以罚款。

发生一般事故（指造成 3 人以下死亡，或者 10 人以下重伤，或者 1000 万元以下直接经济损失的事故）的，处二十万元以上五十万元以下的罚款。

发生较大事故［指造成 3 人（含 3 人）以上 10 人以下死亡，或者 10 人（含 10 人）以上 50 人以下重伤，或者 1000 万元（含 1000 万元）以上 5000 万元以下直接经济损失的事故］的，处五十万元以上一百万元以下的罚款。

发生重大事故［指造成 10 人（含 10 人）以上 30 人以下死亡，或者 50 人（含 50 人）以上 100 人以下重伤，或者 5000 万

元（含 5000 万元）以上 1 亿元以下直接经济损失的事故］的，处一百万元以上五百万元以下的罚款。

发生特别重大事故［指造成 30 人（含 30 人）以上死亡，或者 100 人（含 100 人）以上重伤，或者 1 亿元（含 1 亿元）以上直接经济损失的事故］的，处五百万元以上一千万元以下的罚款；情节特别严重的，处一千万元以上二千万元以下的罚款。

3.《中华人民共和国建筑法》

第五章对建筑安全生产管理作出专门规定：

（1）建筑施工企业必须依法加强对建筑安全生产的管理，执行安全生产责任制度，采取有效措施，防止伤亡和其他安全生产事故的发生。

（2）建筑施工企业应当建立健全劳动安全生产教育培训制度，加强对职工安全生产的教育培训；未经安全生产教育培训的人员，不得上岗作业。

（3）建筑施工企业和作业人员在施工过程中，应当遵守有关安全生产的法律、法规和建筑行业安全规章、规程，不得违章指挥或者违章作业。作业人员有权对影响人身健康的作业程序和作业条件提出改进意见，有权获得安全生产所需的防护用品。作业人员对危及生命安全和人身健康的行为有权提出批评、检举和控告。

4.《建设工程安全生产管理条例》

《建设工程安全生产管理条例》规定：

（1）垂直运输机械作业人员、安装拆卸工、爆破作业人员、起重信号工、登高架设作业人员等特种作业人员，必须按照国家有关规定经过专门的安全作业培训，并取得特种作业操作资格证书后，方可上岗作业。

（2）施工单位应当在施工现场入口处、施工起重机械、临时用电设施、脚手架、出入通道口、楼梯口、电梯井口、孔洞口、桥梁口、隧道口、基坑边沿、爆破物及有害危险气体和液体存放处等危险部位，设置明显的安全警示标志。安全警示标志必须符合国家标准。

（3）施工单位应当根据不同施工阶段和周围环境及季节、气候的变化，在施工现场采取相应的安全施工措施。施工现场暂时停止施工的，施工单位应当做好现场防护，所需费用由责任方承担，或者按照合同约定执行。

（4）施工单位应当向作业人员提供安全防护用具和安全防护服装，并书面告知危险岗位的操作规程和违章操作的危害。

（5）作业人员有权对施工现场的作业条件、作业程序和作业方式中存在的安全问题提出批评、检举和控告，有权拒绝违章指挥和强令冒险作业。

（6）在施工中发生危及人身安全的紧急情况时，作业人员有权立即停止作业或者在采取必要的应急措施后撤离危险区域。

二、施工安全的重要性

施工安全是关系着国家与企业财产和人民生命安全的大事，是一切生产活动的根本保证。

1. 施工安全是施工企业经营活动的基本保证

只有在安全的环境中和有保障的条件下，操作人员才能毫无后顾之忧的、集中精力投入到施工作业中，并且激发出极大的工作热情和积极性，从而提高劳动生产率，提高企业经济效益，使企业的生产经营活动得以稳定、顺利、正常地进行。

相反，在安全毫无保障或环境危险恶劣的条件下作业，操作人员必然提心吊胆、瞻前顾后，影响作业积极性和劳动生产率。如果安全事故频发，必然影响企业经济效益和职工情绪。一旦发生人身伤亡事故，不但伤亡者本身失去了宝贵的生命或造成终身残疾，而且给其家庭带来精神痛苦和无法弥补的损失。同时破坏了企业的正常生产秩序，损毁了企业形象。

安全生产既关系到职工及家庭的痛苦与幸福，又关系到企业的经济效益和企业的兴衰命运。施工安全是施工企业生产经营活动顺利进行的基本保证。

2. 安全生产是社会主义企业管理的基本原则之一

劳动者是社会生产力中最重要的因素，保护劳动者的安全与健康是党和国家的一贯方针。安全生产是维护工人阶级和劳动人民根本利益的，是党和国家制定企业管理政策、制度和规定的基础。

发展社会主义经济的目的之一就是满足广大人民日益增长的物质和精神生活的需要。重视安全生产，狠抓安全生产，把安全生产作为社会主义企业管理的一项基本原则，这是党和国家对劳动者切身利益的关心与体贴，充分体现了社会主义制度的优越性。

为了防止人身伤亡事故的发生，保护国家财产不受损失，党和政府颁布了一系列关于安全生产的政策和法令，把安全生产作为评定和考核企业的重要标准，实行安全一票否决的考核制度，还规定了劳动者有要求在劳动中保护安全和健康的权利。

3. 如何做到安全生产

（1）安全生产必须全员（包括经营者、领导者、管理者和劳动者）参与，高度重视。人人树立“安全第一”的思想，环环紧扣，不留盲区和死角。

（2）安全生产必须坚持“预防为主”，防患于未然，杜绝事故发生，避免马后炮。

（3）安全生产必须依靠群众才有基础和保证。每个劳动者都是安全生产的执行者，也是安全生产的责任人。安全生产与群众息息相关，密不可分。

（4）安全工作是一项长期的、经常性的艰苦细致的工作，必须常抓不懈，一丝不苟，警钟长鸣才能保证安全生产。

（5）要在不断增强全体员工安全观念和安全意识的同时，采用科学先进的方法加强安全技术知识的教育和培训，不断提高员工的安全科学知识和安全素质。

（6）高空作业机械行业的从业人员，从事着危险性极大的工作，直接关系着作业的安全。所以必须遵守各项安全规章制度，严格按照安全操作规程进行操作，确保作业安全。

第四节 建筑施工安全基础知识

一、建筑施工高处作业

1. 高处作业基本概念

《高处作业分级》GB/T 3608—2008 规定：凡在坠落高度基准面 2m 或 2m 以上有可能坠落的高处进行的作业，称为高处作业。

在建筑施工中，涉及高处作业的范围相当广泛。高处坠落事故是建筑施工中发生频率最高的事故之一。

2. 高处作业分级

《高处作业分级》GB/T 3608—2008 规定：

作业高度在 2 ～ 5m 时，称为Ⅰ级高处作业；

作业高度在 5 ～ 15m 时，称为Ⅱ级高处作业；

作业高度在 15 ～ 30m 时，称为Ⅲ级高处作业；

作业高度在 30m 以上时，称为Ⅳ（特级）高处作业。

随着我国超高层建筑迅速发展，高空作业机械升空作业高度不断增加，已由 20 世纪 80 年代的 50 ～ 60m，增加到目前的 100 ～ 200m 左右，甚至高达数百米。由于升空作业高度远远大于 30m，因此属于典型的特级高处作业，具有重大危险性。

3. 高处作业可能坠落半径范围 R

作业高度在 2 ～ 5m 时，R 为 3m；

作业高度在 5 ～ 15m 时，R 为 4m；

作业高度在 15 ～ 30m 时，R 为 5m；

作业高度在 30m 以上时，R 为 6m。

二、高处作业的安全防护

1. 常用安全防护用品

在施工生产过程中能够起到人身保护作用，使作业人员免遭或减轻人身伤害、职业危害所配备的防护装备，称为安全防护用品也称劳动防护用品。

高处作业属于危险性较大的作业方式，属于特种作业，高处作业人员个人安全防护十分必要。如图 1-1 所示，对高处作业人员应进行全面防护，以降低其施工安全风险。

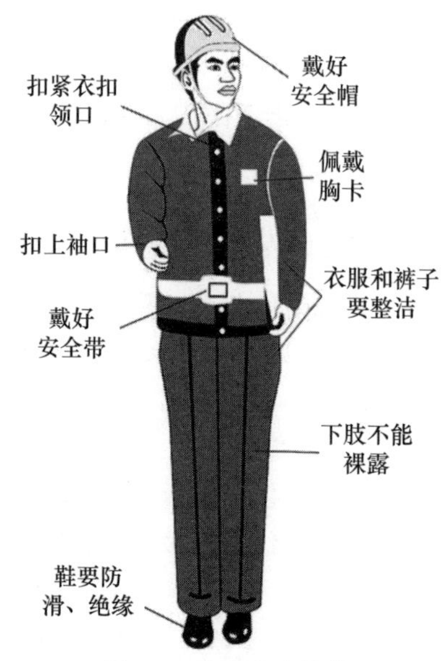

图 1-1　个人安全防护

正确佩戴和使用劳动防护用品，可以有效防止以下情况发生：

（1）从事高空作业的人员，系好安全带可以防止高空坠落；

（2）从事电工（或手持电动工具）作业，穿好绝缘鞋可以预防触电事故发生；

（3）穿好工作服，系紧袖口，可以避免发生机械缠绕事故；

（4）戴好安全帽，可避免或减轻物体坠落或头部受撞击时的伤害。

由于安全帽、安全带和安全网对于建筑工人安全防护的重要性，所以被称为建筑施工“安全三宝”。

正确佩戴与合理使用安全帽、安全带和防坠安全绳对于高空作业机械作业人员是十分重要的，对此进行重点介绍。

2. 安全帽的正确使用

安全帽被称为“安全三宝”之一，是建筑工人尤其是高空作业人员保护头部、防止和减轻事故伤害、保证生命安全的重要个人防护用品。因此，不戴安全帽一律不准进入施工现场，一律不准进行高空作业机械作业。

安全帽是用来保护人体头部而佩戴的具有一定强度的圆顶形

防护用品。安全帽的作用是对人体头部进行防护，防止头部受到坠落物及其他特定因素的冲击造成伤害。

（1）安全帽的正确佩戴方法

1）在佩戴安全帽前，应将帽后调整带按使用者的头形尺寸调整到合适的位置，然后将帽内弹性带系牢。

2）如图 1-2 所示，缓冲衬垫的松紧由带子调节，人的头顶和帽体顶部的空间垂直距离一般在 25 ～ 50mm 之间，以 32mm 左右为宜。这样才能保证当遭受到冲击时，帽体有足够的空间可供缓冲，平时也有利于头部和帽体间的通风。

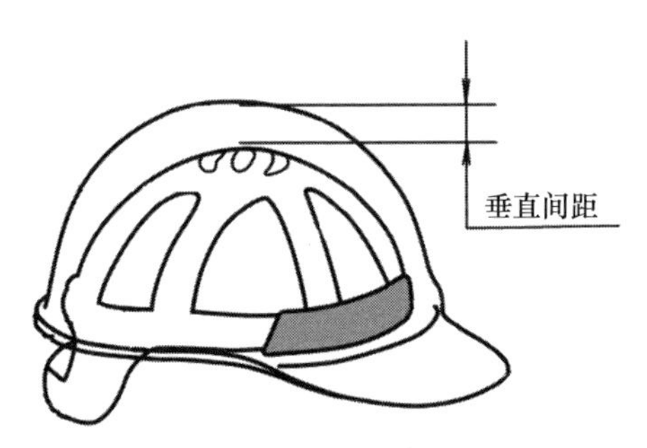

图 1-2　帽顶内部空间

3）必须将安全帽戴正、戴牢，不能晃动，否则，将降低安全帽对于冲击的防护作用。

4）下颏带必须扣牢在颏下，且松紧适度，并调节好后箍，以防安全帽被大风吹落，或被其他障碍物碰掉，或由于头部的前后摆动，致使安全帽脱落。

5）严禁使用帽内无缓冲层的安全帽。

（2）安全帽使用注意事项

1）新领用的安全帽，应检查是否具有允许生产的标志及产品合格证，再看是否存在破损、薄厚不均，缓冲层、调整带和弹性带是否齐全有效。不符合规定的应要求立即调换。

2）在使用之前，应仔细检查安全帽的外观是否存在裂纹、磕碰伤痕、凸凹不平、过度磨损等缺陷，帽衬是否完整、结构是否处于正常状态。发现安全帽存在异常现象要立即更换，不得使用。

3）由于安全帽在使用过程中，会逐渐老化或损坏，故应定期检查有无龟裂、凹陷、裂痕和严重磨损等情况。安全帽上如存在影响其性能的明显缺陷就应及时报废，以免影响防护作用。

4）任何受过重击或有裂痕的安全帽，不论有无其他损坏现象，均应报废。

5）应保持安全帽的整洁，不得存在接触火源、任意涂刷油漆或当凳子使用等有可能损伤安全帽的行为。

6）安全帽不得在酸、碱或其他化学污染的环境中存放，不得放置在高温、日晒或潮湿的场所中，以免加速老化变质。

3. 安全带的正确使用

安全带也是建筑施工“安全三宝”之一，是防止高处作业人员发生坠落或发生坠落后将作业人员安全悬挂的个体防护装备。

高空作业机械作业人员应配备如图 1-3 所示的坠落悬挂安全带，又称全身式高空作业安全带。

图 1-3　全身式高空作业安全带

（1）安全带的组成及各组成部分作用

如图 1-4 所示，安全带是由系带、连接绳、扣件和连接器等组成。

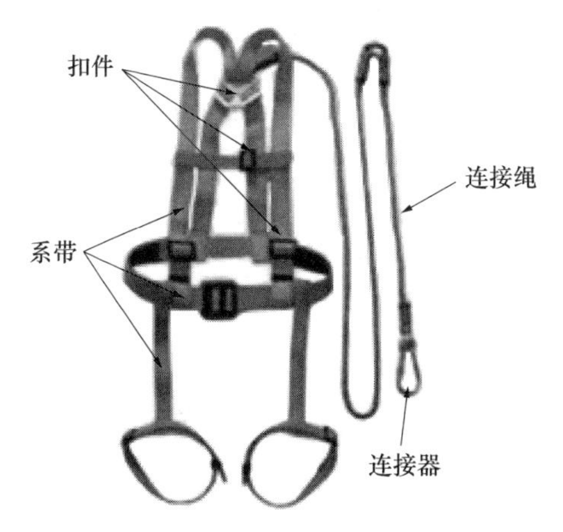

图 1-4　安全带的组成

1）系带由腰带、护腰带、前胸连接带、背带和腿带等带子组成，用于坠落时支撑人体，分散冲击力，避免人体受到伤害。

2）连接绳或称短绳，用于连接系带和自锁器或其他连接器。

3）连接器是具有活门的连接部件，将连接绳与挂点连接在一起。自锁器是一种具有自锁功能的连接器。

4）扣件包括扎紧扣和调节扣，用于连接、收紧和调节各种带子。

（2）安全带的正确使用

1）在使用前，应检查各部位是否完好，发现破损应停止使用。

2）连接背带与连接绳，系好胸带、腰带、腿带，并且收紧调整松紧度，锁紧卡环。

3）将安全带连接到安全绳上时，必须采用专用配套的自锁器或具有相同功能的单向自锁卡扣，自锁器不得反装。

4）安全带连接绳的长度，在自锁器与钢丝绳制成的柔性导轨连接时，其长度不应超过 0.3m；在自锁器与织带或纤维绳制成的柔性导轨连接时，其长度不应超过 1.0m。

（3）安全带使用注意事项

1）使用前必须做一次全面检查，发现破损停止使用。

2）安全带应高挂低用，并防止摆动、碰撞，避开尖锐物体，不得接触明火。

3）作业时，应将安全带的钩、环牢固地挂在悬挂点上。

4）在低温环境中使用安全带时，要注意防止安全带变硬、变脆或被割裂。

5）安全带上的各种部件不得随意拆除。

4. 安全绳与自锁器的正确使用

（1）安全绳的规格与要求

安全绳如图 1-5 所示，是用于连接安全带与挂点的大绳。

高处作业使用的垂直悬挂的安全绳，属于与坠落悬挂安全带配套使用的长绳。

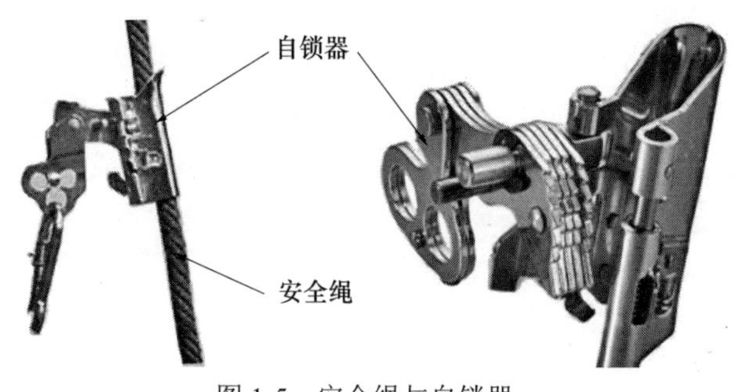

图 1-5　安全绳与自锁器

安全绳的规格与要求如下：

1）绳径应不小于 18mm ;

2）断裂强度不应小于 22kN ;

3）宜选用具有高强度、耐磨、耐霉烂和弹性好的锦纶绳;

4）整根安全绳不准存在中间接头。

（2）安全绳的正确使用

1）每次使用安全绳时，必须作一次外观检查，发现破损应立即停止使用。

2）在安全绳触及建（构）筑物的转角或棱角部位处，应进行衬垫或包裹，且防止衬垫或包裹物脱落。

3）在使用时，安全绳应保持处于垂直状态。

4）不得在高温处使用。在接近焊接、切割或其他热源等场所时，应对安全绳进行隔热保护。

5）安全绳不允许打结或接长使用。

6）安全绳的绳头不应留有散丝，如有散丝，应进行燎烫处理，或加保护套。

7）在使用过程中，也应经常注意查看安全绳的外观状况，发现破损及时停用。

8）在半年至一年内应进行一次试验，以主部件不受损坏为前提。

9）发现有破损、老化变质情况时，应及时停止使用，以确保操作安全。

10）发生过坠落事故冲击的安全绳不应继续使用。

11）安全绳应储存在干燥通风的仓库内，并经常进行保洁，不得接触明火、强酸碱，勿与锋利物品碰撞，勿放在阳光下暴晒。

（3）自锁器及其性能要求

自锁器如图 1-5 所示，又称为导向式防坠器。自锁器的性能要求如下：

1）无论安全绳绷紧或松弛，自锁器均应能正常工作；

2）自锁器及安全绳应能保证在允许作业的冰雪环境下能够正常使用；

3）导轨为钢丝绳时，自锁器下滑距离不应超过 0.2m，导轨为纤维绳或织带时，自锁器下滑距离不应超过 1.0m。

（4）自锁器的使用规定

1）必须正确选用安全绳，且与安全绳的直径相匹配，严禁混用。

2）必须按照标识方向正确安装自锁器，切莫反装。

3）安装前需退出保险螺钉，按爪轴的开口方向将棘爪与滚轮组合件按反时针方向退出。

4）装入安全绳后，按开口方向顺时针装入。再合上保险，将保险螺钉拧上即可，不宜过紧。

5）装入安全绳后，检验自锁器的上、下灵活度。

6）如发现自锁器异常，必须停止使用，严禁私自装卸修理。

7）使用一年后，应抽取 1 ～ 2 只磨损较大的自锁器，用 80kg 重物做自由落体冲击试验，如无异常，此批可继续使用三个月；此后，每三个月应视使用情况做一次试验。

8）经过冲击试验或重物冲击的自锁器严禁继续使用。

三、施工现场常用安全标志

施工现场的作业环境复杂，不安全因素众多，属于高风险的作业场所。为了加强施工安全管理，在施工现场的危险部位及设备设施上设置醒目的安全警示标志，用以提醒施工作业人员强化安全意识，规范自身行为，严守安全纪律，防止伤亡事故的发生。

1. 安全标志的分类

现行国家标准《安全标志及其使用导则》GB 2894—2008 规定：

安全标志是用以表达特定安全信息的标志，由图形符号、安全色、几何形状（边框）或文字构成。

安全标志分为禁止标志、警告标志、指令标志、提示标志四类。此外，还有补充标志。

（1）禁止标志

禁止标志是禁止人们不安全行为的图形标志。

禁止标志表示一种强制性的命令，其含义是不准或制止人们的某些行动。如图 1-6 所示，禁止标志的几何图形是带斜杠的圆环。其中，圆环与斜杠相连，用红色；图形符号用黑色，背景用白色。

施工现场常用的禁止标志主要有：禁止烟火、禁止通行、禁止堆放、禁止吸烟、有人工作禁止合闸、禁止靠近、禁止抛物、禁止触摸、禁止攀登和禁止停留等。

图 1-6　禁止标志

（2）警告标志

警告标志是提醒人们对周围环境引起注意，以避免可能发生危险的图形标志。

警告标志表示必须小心行事或用来描述危险属性，其含义是警告人们可能发生的危险。如图 1-7 所示，警告标志的几何图形是黑色的正三角形、黑色符号和黄色背景。

图 1-7　警告标志

施工现场常用的警告标志主要有：注意安全、当心触电、当心爆炸、当心吊物、当心落物、当心坠落、当心碰头、当心电缆、当心塌方、当心坑洞和当心滑跌等。

（3）指令标志

指令标志是强制人们必须做出某种动作或采用防范措施的图形标志。

如图 1-8 所示，指令标志的几何图形是圆形，蓝色背景，白色图形符号。施工现场常用的指令标志主要有：必须戴好安全帽、必须穿好防护鞋、必须系好安全带、必须戴好防护眼镜和必须穿好防护服等。

图 1-8　指令标志

（4）提示标志

提示标志是向人们提供某种信息（如标明安全设施或场所等）的图形标志。

提示标志的几何图形是方形，绿色或红色背景，白色图形符号及文字。如图 1-9 所示，施工现场常用的提示标志主要有：安全通道、紧急出口、安全楼梯、可动火区、地下消火栓、消防水带和灭火器等。

图 1-9　提示标志

2. 安全色与对比色

（1）安全色

标准规定：用红、黄、蓝、绿四种颜色分别表示禁止、警告、指令、提示标志的安全色。

1）红色表示禁止、停止、危险的意思或提示消防设备设施的信息。

2）黄色表示注意、警告的意思。

3）蓝色表示指令、必须遵守的规定。

4）绿色表示通行、安全和提供信息的意思。

（2）对比色

对比色是使安全色更加醒目的反衬色，用以提高安全色的辨别度。

标准规定，对比色是黑、白两种颜色，且黑色与白色互为对比色。黑色用于安全标志的文字、图形符号和警告标志的几何边框。白色作为安全标志红、蓝、绿的背景色，也可用于安全标志的文字和图形符号。

安全色与对比色同时使用的，应按照表1-1的规定搭配使用：

安全色与对比色的搭配使用表　　　　表1-1

安全色	对比色
红色	白色
蓝色	白色
黄色	黑色
绿色	白色

3. 施工现场常用安全标志

施工现场常用安全标志示例见本书最后封三“安全标志（摘录）”

四、施工现场消防基础知识

按照《中华人民共和国消防法》的规定，“消防工作贯彻预防为主，防消结合的方针。”在消防工作中要把预防放在首位，“防患于未然”。同时，要切实做好扑救火灾的各项准备工作，一旦发生火灾，能够及时发现、有效扑救，最大限度地减少人员伤亡和财产损失。

1. 燃烧的基本条件

任何物质发生燃烧，都要有一个由未燃状态转向燃烧状态的过程。这个过程的发生必备三个条件，即可燃物、助燃物和着火源，且三者要相互作用。

（1）可燃物

凡是能与空气中的氧或其他氧化剂起化学反应的物质，称为可燃物，如木材、纸张、汽油、油漆、酒精、煤炭等。

（2）助燃物

凡是能帮助和支持可燃物燃烧的物质，即能与可燃物发生氧化反应的物质，称为助燃物，如空气、氧气等。

（3）着火源

凡能引起可燃物与助燃物发生燃烧反应的能量来源，称为着火源，如电火花、火焰、火星等。烟头中心温度可达 700℃以上，因此是不容忽视的着火源。

2. 防火安全注意事项

（1）控制好火源。火源是火灾的发源地，也是引起燃烧和爆炸的直接原因，所以，防止火灾必须控制好各种火源：

1）控制各种明火，施工现场的电焊、气焊施工属于明火源，须加以严格控制;

2）控制受烘烤时间，例如，靠近大功率灯泡旁的易燃物烘烤时间过长，就会引起燃烧;

3）注意用电安全，禁止乱拉、乱扯电线，超负荷用电等。

（2）在施工现场不得占用、堵塞或封闭安全出口、疏散通道和消防车通道。

（3）不得埋压、圈占、损坏、挪用、遮挡消防设施和器材。

3. 灭火器具的选择和使用

（1）扑救固体物质火灾，可选用清水灭火器、泡沫灭火器、干粉灭火器（ABC 干粉灭火器）、卤代烷灭火器。

（2）扑救可燃液体火灾或带电燃烧的火灾，应选用干粉灭火器、二氧化碳灭火器。

（3）扑灭可燃气体火灾，应选用干粉灭火器、卤代烷灭火器、二氧化碳灭火器。

（4）扑灭金属火灾，应选用粉状石墨灭火器、专用干粉灭火器，也可用沙土或铸铁屑末代替。

4. 常用灭火器的使用方法

（1）二氧化碳灭火器的使用方法

将灭火器提到距着火点5m左右，拔出保险销，一手握住喇叭形喷筒根部的手柄，把喷筒对准火焰，另一只手压下启闭阀的压把，二氧化碳就会喷射出来。当可燃液体呈流淌状燃烧时，应将二氧化碳射流由近而远向火焰喷射；如扑救容器内可燃液体火灾时，应从容器上部的一侧向容器内喷射，但不能将二氧化碳射流直接冲击到可燃液面，以免将可燃液体冲出容器而扩大火灾。

（2）干粉灭火器的使用方法

在灭火时，将干粉灭火器提到距火源适当的位置，先提起干粉灭火器上下摆动，使干粉灭火器内的干粉变得松散，然后让喷嘴对准燃烧最猛烈处，拔掉保险销，一只手拿喷管对准火焰根部，另一只手用力压下压把，拿喷管左右摆动，干粉便会在气体的压力下由喷嘴喷出，形成浓云般的粉雾而使火熄灭。

（3）泡沫灭火器的使用方法

泡沫灭火器能喷射出大量的二氧化碳及泡沫，使其粘附在可燃物上，将可燃物与空气隔绝，达到灭火目的。泡沫灭火器主要适用于扑灭油类及木材、棉布等一般物质的初起火灾，但不能扑救带电设备和醇、酮、酯、醚等有机溶剂的火灾。

1）化学泡沫灭火器，应将筒体颠倒，一只手握紧提环，另一只手握住筒体的底圈，将射流对准燃烧物。在使用过程中，灭火器应当始终处于倒置状态，否则会中断喷射。

2）空气泡沫灭火器，应拔出保险销，一手握住开启压把，另一只手紧握喷枪，用力捏紧开启压把，打开密封或刺穿储气瓶密封片，空气泡沫即可从喷枪中喷出。在使用时，灭火器应当是直立状态，不可颠倒或横卧使用，也不能松开压把，否则会中断喷射。

5. 施工现场消防安全教育与培训

（1）消防安全教育和培训的基本内容

进场时，施工现场的安全管理人员应向施工人员进行消防安全教育和培训，其内容应包括：

1）施工现场消防安全管理制度、防火技术方案、灭火及应急疏散预案的主要内容；

2）施工现场临时消防设施的性能及使用、维护方法；

3）扑灭初起火灾及自救逃生的知识和技能；

4）报警、接警的程序和方法。

（2）消防安全技术交底

施工作业前，施工现场的施工管理人员应向作业人员进行消防安全技术交底，其主要内容应包括：

1）施工过程中可能发生火灾的部位或环节；

2）施工过程应采取的防火措施及应配备的临时消防设施；

3）初起火灾的扑救方法及注意事项；

4）逃生方法及路线。

6. 高空作业机械施工现场消防安全管理

高空作业机械施工现场的火灾易发因素，主要有电焊气割作业、油漆涂装作业、设备电控系统使用及施工人员临时宿舍等。

（1）电气焊割作业

1）电、气焊作为特殊工种，操作人员必须持证上岗，焊割前应该向单位安全管理部门申请用火证方可作业；

2）焊割作业前应清除或隔离周围及上下的可燃物，并严格落实监护措施；

3）焊割作业现场应配备足够的灭火器材；

4）作业完后，应认真检查现场，防止阴燃着火。

（2）油漆涂装作业

1）作业场所严禁一切烟火；

2）在作业平台上应配备相应数量和特性的灭火器材；

3）在专项施工方案中应规定作业平台上允许的油漆和稀料等易燃物的最大携带量；

4）清除作业平台上的其他易燃物。

（3）设备电控系统使用

1）作业平台不得超负荷运行；

2）应对电控系统设置充分的过热和短路保险装置；

3）应对电气设备进行经常性的检查，查看是否存在短路、发热和绝缘损坏等情况并及时处理；

4）电气设备在使用完毕后应及时切断电源，锁好电箱。

（4）施工人员临时宿舍

1）临时宿舍不准存放易燃易爆物品；

2）不准使用电炉等大功率用电器和私拉乱接电源；

3）不准使用可燃物体做灯罩；

4）夏季使用蚊香务必放在金属盘内，并与可燃物保持一定的距离；

5）冬季在取暖设备周边烘烤衣物必须保持足够的安全距离。

7. 高空作业机械施工现场火灾救援应急预案

（1）在高空作业机械专项施工方案中，应专门设计现场火灾救援应急预案，其内容应包括建立施工现场应急救援小组。

（2）发现火情，现场施工人员要保持清醒，切莫惊慌失措。如果火势不大，尚未对人员造成很大威胁，而且周围有足够的消防器材时，应奋力将小火控制，及时扑灭。

（3）如果发现火势较大或越烧越旺，有被困火灾现场危险时，应立即切断设备电源，拨打消防火警电话（119 或 110）报警，并且迅速报告现场应急救援小组。然后利用周围一切可利用的条件设法脱险逃生。

（4）现场应急救援小组应组织有关人员赶赴现场进行救援。

应本着“先救人，后救物”原则，迅速组织火灾现场施工人员逃生。同时，安排专人疏通或开辟消防通道，接应消防车及时有效救火。

（5）应急救援小组接到报警或发现火情后，应尽快安排人员切断周边有关电源，关闭有关阀门，迅速控制可能加剧火灾蔓延的部位，以减少可能蔓延的因素，为迅速扑灭火灾创造条件。

五、施工现场急救常识

在施工过程中，难免发生各类工伤事故。为了能够迅速采取科学有效的急救措施，保障人的生命健康和财产安全，防止事故扩大，掌握一些施工现场急救常识是十分必要的。

1. 施工现场急救的定义

施工现场急救，即事故现场的紧急临时救治，是发生施工生产安全事故时，在医生未到达现场或送往医院前，利用施工现场的人力、物力对急、重、危伤员，及时采取有效的急救措施，以抢救生命，减少伤员痛苦，防控伤情加重和并发症，为进一步救治做好前期准备。进行施工现场急救时，应遵循“先救命后治伤，先救重后救轻”的原则，果断施行救护措施。

2. 施工现场急救的基本步骤

施工现场急救，通常按照以下几个步骤进行：

（1）确保现场环境安全并及时呼救

发生伤害事故后，施工现场人员要保持冷静，为了保障自身、伤员及其他人的安全，应首先评估现场的危险性；如有必要，应迅速转移伤员至安全区域。当确保现场环境安全后，应迅速拨打 120 急救电话，并通知相关管理人员。

（2）迅速检查伤员的生命体征

检查伤员意识是否清醒、气道是否畅通、是否有脉搏和呼吸、是否有大出血等可能致命的因素，有条件者可测量血压。然后，查看局部有无创伤、出血、骨折、畸形等情况。

（3）采取急救措施

对伤员采取急救措施时，优先处理以下几种情况：

1）为没有呼吸或心跳的伤病员进行心肺复苏；

2）为出血量大的伤者进行止血包扎；

3）处理休克和骨折的伤病员。

在救护者施救的同时，其他人应协助疏散现场旁观人员保护事故现场、引导救护车、传递急救用品等。

（4）迅速送往医院

救护车到达现场后，应协助医护人员迅速将伤病员送往医院，进行后续救治。

六、施工现场安全用电基础知识

根据《施工现场临时用电安全技术规范》JGJ 46—2005 的规定，结合高空作业机械设备在施工现场临时用电的实际情况，在安装之前必须做好用电安全技术准备工作。

1. 施工现场临时用电的原则

（1）必须采用三级配电系统

高空作业机械设备在施工现场临时用电的配电系统如图 1-10 所示。

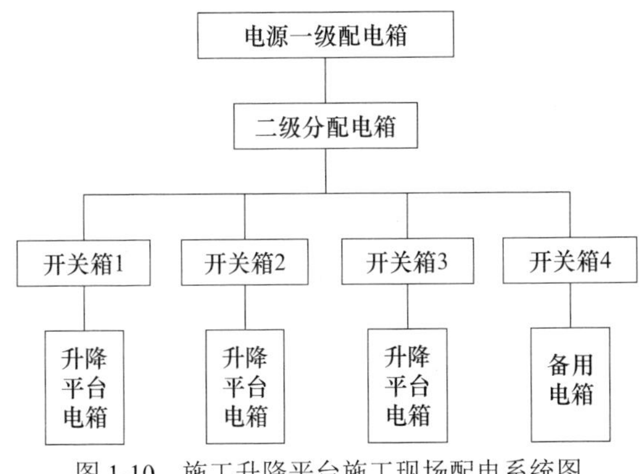

图 1-10　施工升降平台施工现场配电系统图

从施工现场的电源进线至用电设备，必须经总配电箱（电源总配电设备属于一级配电装置）→分配电箱（在用电负荷相对集中处设置的二级分配电装置）→开关箱（专用设备控制箱属于三级配电装置）三个层次逐步配送电力，任何用电设备不得越级配电。

（2）必须采用二级漏电保护装置

在总配电箱中须设置一级漏电开关；在分配电箱或开关箱中必须再设置一级漏电开关。

（3）实施“一机一闸”制

在分配电箱中，一把闸刀管一只开关箱；每只开关箱只连接一台高空作业机械设备的控制回路。

（4）必须设置电气线路的基本保护系统

在三相四线配电线路中，应设置保护零线（PE 线）即采用三相五线制的 TN-S 接线保护型式。保护零线应进行不少于三处的重复接地。

如图 1-11 所示，在三相四线制供电局部 TN-S 系统中，基本接地和接零保护系统与二级漏电保护装置，共同组成了现场临时用电系统的两道防止触电的防线。

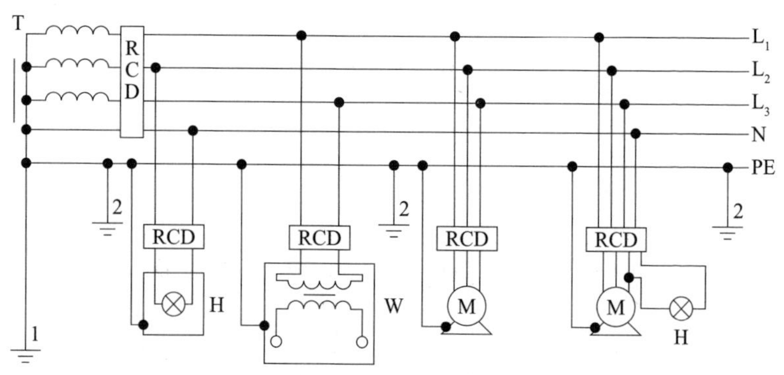

图 1-11　TN-S 接线保护方式示意图

L_1、L_2、L_3—相线；N—工作零线；PE—保护零线；1—工作接地；2—重复接地；T—变压器；RCD—漏电保护器；H—照明器；W—电焊机；M—电动机

（5）动力与照明分设原则

动力配电箱和照明配电箱宜单独设置；共用配电箱的动力和照明电路也须分路配电。动力开关箱和照明开关箱应分箱设置，不得共箱分路设置。

高空作业机械设备的电控箱只能专用，不得用于连接其他用电设施。

（6）尽量压缩配电间距

除总配电箱（配电室外）外，分配电箱、开关箱及用电设备间距离应尽量缩短。分配电箱应设在用电设备相对集中处，且与开关箱的距离不得超过30m。

2. 施工现场临时用电的配电装置

施工现场临时用电的配电装置包括配电箱和开关箱的箱体及各类电气元件。箱体制作和使用应符合下列要求：

（1）箱体应满足防尘、防晒、防雨（水）要求，不得采用木板制作。可用厚度不少于1mm的冷轧铁板或其他优质的绝缘板制作。

（2）电气安装板用于安装电气元件及零线（N）保护零线（PE）和端子板，宜采用优质绝缘板制作。当安装板和箱体采用折页式活动连接时，配线必须用编制铜芯软线跨接。

（3）N端子板和PE端子板必须分别设置，避免N线和PE线混接。

（4）N端子板与铁质的箱体之间必须保持绝缘；而PE端子板与铁质箱体必须保持良好电气连接，应采用紫铜板制作，其端子数应与进出线总路数量保持一致。

（5）固定式配电箱、分配电箱及开关箱，其箱底距离地面高度应为1.3～1.5m；移动式配电箱、分配电箱及开关箱，其底部距离地面高度应为0.6～1.5m。

（6）配电箱、分配电箱及开关箱的箱门处应有规范的标牌，内容应包括名称、用途、分路标记、箱内线路接线图等。

（7）配电箱、分配电箱及开关箱均应装设门锁，由专人负责开启和上锁。下班停工或中班停止作业 1h 以上，相关电箱应归零、断电、锁箱。

（8）配电箱、分配电箱及开关箱配置的电气元件，应具备以下四种基本功能：

1）电源隔离功能；

2）电路接通与分断功能；

3）短路、过载、漏电等保护功能；

4）通电状态指示功能。

3. 各级电箱的基本元件配置要求

（1）总配电箱应按三相五线型式布置，即必须设置 PE 端子板。

（2）总电路及分电路的电源隔离开关，均采用三路刀型开关，并设置于进线端子。

（3）总电路及分电路隔离开关负荷侧设置三路断路开关（或熔断器、刀熔开关等短路保护装置）、三相四线漏电开关。

（4）分配电箱应按次序装设隔离开关、短路保护（熔断器、短路开关）过载保护器（热继电器等）。

（5）动力开关箱的电气元件配置，基本上与分配电箱相同，仅电流等级选择不同，漏电开关可选择三相三线型产品。

（6）照明开关箱应单独设置，照明线路采用二路刀开关、二路断路开关或熔断器和单相二线漏电开关。

（7）各类电箱的电气配置和接线严禁任意改动或加接其他用电设备。

4. 各级电箱的接线及使用要求

（1）各级电箱的接线必须由经过按国家现行标准考核合格后的电工持证上岗操作；其他用电人员必须通过相关安全教育培训和技术交底，考核合格后方可上岗工作。

（2）安装、巡检、维修或拆除临时用电设备和线路，必须由电工完成，并应有人监护。

（3）电工在操作时，必须按规定穿戴绝缘防护用品，使用绝缘工具。

（4）配电装置的漏电开关应在班前，按下实验按钮检查一次，试调正常方可继续使用。

（5）暂时停用设备的开关箱必须分断电源隔离开关，并应关门上锁。

（6）移动电气设备时，必须经电工切断电源并做妥善处理后进行。

（7）严禁带电或采用预约停电、送电时间方式检修电箱及用电设施。

（8）检修前必须断电，并在隔离开关上挂上“禁止合闸，有人工作”警告牌，由专人负责挂取、送电和停电应严格按下列顺序操作：

1）送电顺序：总配电箱→分配电箱→开关箱；

2）停电顺序：开关箱→分配箱→总配电箱。

第二章　施工升降平台基础知识

第一节　施工升降平台基本概况

一、施工升降平台的定义

施工升降平台是一种大型自升降式高空作业机械设备。它可以载人、载物沿附着在建／构筑结构上的导轨架升降，并能够停靠在任意高度进行施工作业。

定义：由导轨架支承和导向的作业平台，沿建／构筑物立面升降至作业位置的设备，称为“施工升降平台”。

在现行国家标准《升降工作平台　导架爬升式工作平台》GB/T 27547—2011 中，施工升降平台被定义为“导架爬升式工作平台”。

二、施工升降平台的用途

1. 应用领域

施工升降平台属于高空作业施工机械，主要应用于高层建筑外立面涂装、安装、维修等一系列替代传统脚手架的载人高处作业施工领域。

2. 设备特点

随着社会高速发展，建／构筑物高度越来越高，施工速度要求越来越快，施工升降平台替代传统脚手架进行装饰、装修及其他外墙施工，有效解决了人工费高、施工工效低以及脚手架材料质量不稳定等带来的安全隐患问题。此外，同脚手架相比，施工升降平台还具有结构合理、安全可靠、承载力大、操作简单、运行平稳、施工效率高和占用社会资源少等特点。

施工升降平台与高处作业吊篮的施工作业领域基本相同，但施工升降平台具有作业稳定性好、承载能力大、作业面宽等突出优点；尤其在建筑物顶部难以架设悬挂装置的施工现场，施工升降平台更具有无可替代优势。

三、施工升降平台的发展概况

1. 国外发展概况

在国际上，施工升降平台目前已经非常成熟，适用于各种高耸建筑物或构筑物，是一种先进的高空作业施工设备。

施工升降平台运行平稳、高效节能、绿色环保以及一机多用的特性，对于保证施工工期与安全、降低施工成本、减轻工人劳动强度等，都起着不可替代的作用。目前施工升降平台在国外广泛应用于超高层建筑物（图 2-1）以及烟囱、桥梁等大型构筑物施工领域（图 2-2）。

2. 国内发展情况

近十年来，随着我国建筑工业化施工政策的大力推进，装配式建筑施工方式迅猛发展，传统脚手架施工方式存在的使用材料多、运输不方便、搭设时间长、作业位置固定、不便于施工操作、稳定性差等弊端显得更为突出，而在建筑外立面装饰装修施工中使用最为普遍的高处作业吊篮也存在稳定性差、承载力小以及需等待主体结构封顶之后方能悬挂施工等问题，因此，施工升降平台以其安装拆卸方便，既不需要预设基础，又不需要设置屋顶悬挂装置，移动时只需拆除导轨架和附墙装置，利用设置在基座底架上的滚轮或底盘行走轮，便可以很方便地更换作业场地等突出优势，顺理成章地成为装配式建筑施工的配套设备，受到广大施工单位的普遍认可，在施工现场大显身手（图 2-3）。

近年来，随着技术进步与性能提升，国产施工升降平台已经大量走出国门出口到世界各地。我国行业龙头企业申锡机械集团公司自行研制的高性能施工升降平台已经成批大量出口到委内瑞拉，受到该国总统高度赞扬（图 2-4）。

图 2-1　国外施工升降平台在高大建筑物上施工应用

图 2-2　国外施工升降平台在大型构筑物上施工应用

图 2-3　国产施工升降平台在国内装配式建筑施工中应用

图 2-4　国产施工升降平台出口到国外到受好评

四、施工升降平台类型与参数

1. 主要类型

（1）按作业平台层数分类

按作业平台层数不同，施工升降平台可分为单层和多层型式。如图 2-5 所示，单层施工升降平台只有一个水平分布的作业层面，整体结构比较轻便，便于频繁转移施工现场安装与拆卸；多层施工升降平台具有两个及以上水平分布的作业层面，适用于立面交叉施工，施工效率高。

（*a*）

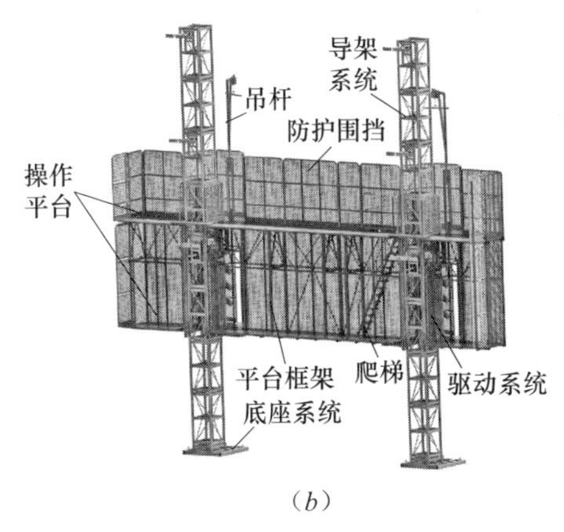

（*b*）

图 2-5　单层与多层平台示意图

（*a*）单层平台；（*b*）多层平台

（2）按作业平台驱动力分类

按作业平台驱动力不同，施工升降平台可分为手动、电动、液压和内燃机驱动等型式。手动只适合微型施工升降平台；液压驱动只适合作业高度较小的施工升降平台；内燃机驱动适合无市电供应的地区和施工场所。目前应用最为广泛的还是电动施工升降平台。

（3）按驱动系统分类

按驱动系统不同，施工升降平台可分为齿轮齿条驱动、棘轮棘爪驱动和螺杆驱动等型式。

1）齿轮齿条驱动系统：通过减速机构输出轴端部的圆柱齿轮与安装于导轨架标准节上的齿条啮合驱动平台升降。

2）棘轮棘爪驱动系统：通过棘轮棘爪与附在导轨架上的横档或其他相应部件的交互作用，使平台升降。

3）螺杆驱动系统：由安装在导轨架上的齿形啮合件与安装在平台上的动力驱动螺杆相啮合而形成的驱动系统。

（4）按承载能力分类

按照承载能力可分为轻型施工升降平台和重型施工升降平台。

目前应用最为广泛的还是轻型齿轮齿条驱动式施工升降平台。

2. 主要参数

施工升降平台主要参数包括：

（1）额定载荷

正常工作状态下施工升降平台设计允许承载的最大工作载荷称为额定载荷。

（2）最大平台长度

正常工作状态下施工升降平台设计给定的最大作业平台长度称为最大平台长度。

（3）最大独立安装高度

在不安装附墙架的情况下，设计允许的导轨架的最大安装高度称为最大独立安装高度。

（4）最大自由端高度

在最后一道附墙架以上，设计允许的导轨架的最大悬臂高度称为最大自由端高度。

（5）最大允许安装高度

设计允许的导轨架的最大安装高度称为最大允许安装高度。

第二节　施工升降平台基本构造与原理

一、施工升降平台基本组成与原理

本教材重点介绍目前应用最为广泛的齿轮齿条驱动的电动施工升降平台。

1. 基本结构组成

施工升降平台（图 2-6）主要由导轨架 1、驱动单元 2、长护栏 3、短护栏 4、短平台 5、长平台 6、电控系统 7、底架 / 底盘 8、登机梯 9、侧护栏 10、附墙架 11、电动吊杆 12、调平装置 13 和电缆筒 14 组成。

2. 基本工作原理

以底架 / 底盘支撑于地面，导轨架安装在底架 / 底盘之上。驱动单元由电力驱动装置，通过齿轮齿条传动，带动驱动单元及作业平台沿导轨架垂直升降。

驱动单元的左右两侧分别通过法兰连接左、右作业平台。作业平台由数个平台（标准）节对接而成，其长度按需要在最大平台长度范围内选定。

工作时，驱动单元在动力装置驱动下，沿导轨架上下移动，带动作业平台运载人员、工具、设备和物料进行高处施工作业。

由安全防坠落装置、防超载装置、自动调平装置、限位及连锁装置等安全保护装置确保设备安全运行。

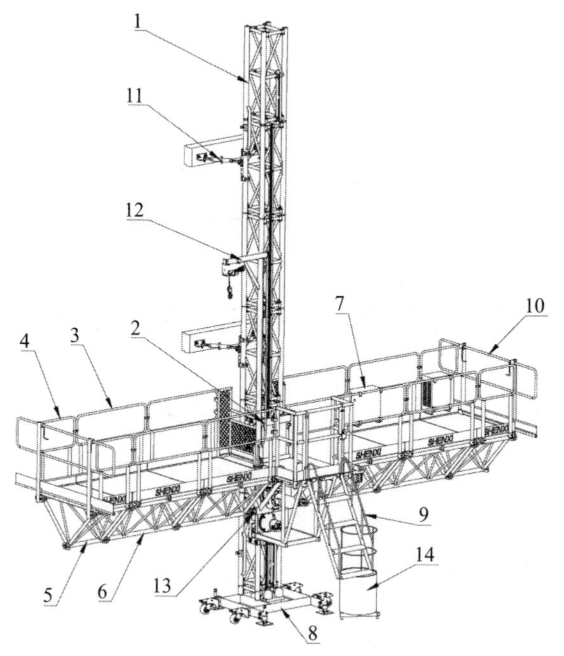

图 2-6　施工升降平台基本组成

二、施工升降平台基本安装型式

施工升降平台具有单导轨架安装和多导轨架安装型式。单导轨架安装型式施工升降平台简称单导轨架平台；多导轨架安装型式施工升降平台简称多导轨架平台。

1. 单导轨架平台

单导轨架平台是由一组导轨架和一套驱动单元组成，作业平台长度较短，一般不超过 10m（图 2-7）。

2. 多导轨架平台（以双导轨架平台为例）

多导轨架平台是由多组导轨架和多套驱动单元组成。双导轨架平台（图 2-8）由两台单导轨架平台组合而成，作业平台长度较长，一般为 20～30m，最大工作长度甚至可达 40m 以上。

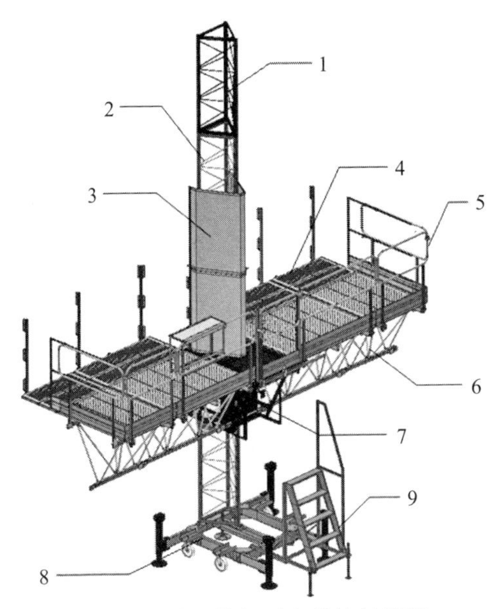

图 2-7　单导轨架平台结构外形图

1—顶端标准节；2—导轨架标准节；3—防护网；4—伸缩平台；
5—护栏；6—基本平台；7—驱动单元；8—底架 / 底盘；9—安全梯

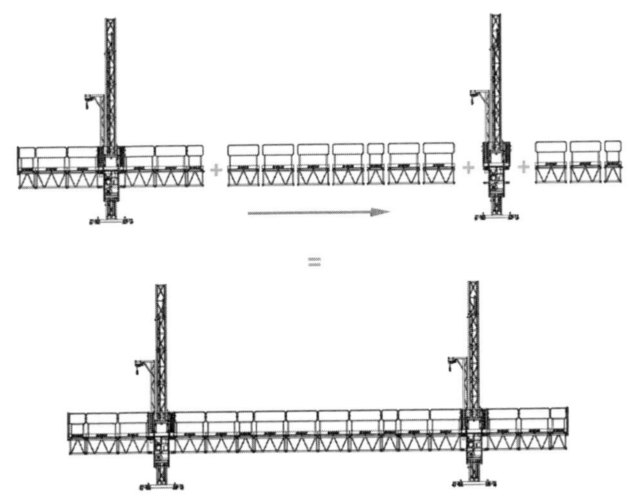

图 2-8　双导轨架平台结构组成示意图

三、施工升降平台主要部件结构、性能与作用

1. 导轨架

导轨架简称导架，也称导柱、桅柱或立柱。导轨架既是支承作业平台的结构件，又是作业平台垂直升降的导向轨道。导轨架由多组标准节对接组合，以满足所需楼层的施工高度。标准节之间采用高强度螺栓进行连接。

2. 驱动单元

驱动单元（图 2-9）是驱动作业平台升降的动力平台，由正面导轮 1、驱动传动机构 2、驱动板 3、防坠安全器 4、侧向导轮 5、驱动单元 6、销轴 7、传感器销 8、法兰连接座 9、限位安装座 10、电缆导架 11、侧面护栏 12、正面护栏 13 及入口门组件 14 等组成。

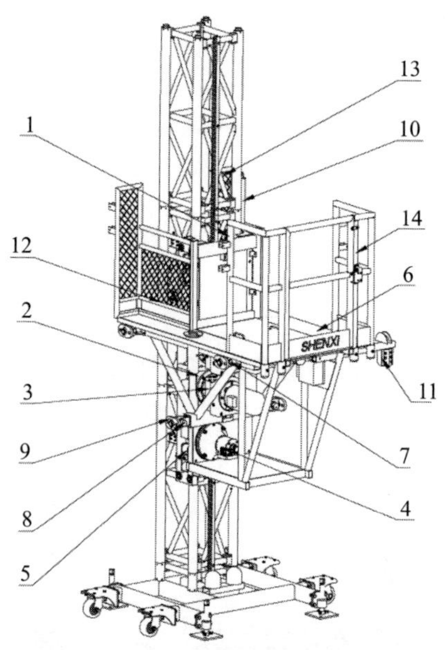

图 2-9　驱动单元结构组成示意图

（1）正面导轮和侧向导轮分别固定在驱动单元上，起支承

与导向作用。驱动单元两侧各设有 3 个连接法兰座，用于连接作业平台。上连接法兰座采用普通销轴铰接；下连接法兰座采用传感器销铰接。通过传感器销可感应到作业平台加载后的平台倾覆力矩，经控制器控制，能够感知和限制作业平台上的工作载荷。

（2）驱动板与驱动单元架体焊接于一体，用于固定和支承驱动传动机构和防坠落装置。

（3）驱动传动机构是施工升降平台的动力与传动部件，由电动机、电磁制动器、减速器及驱动齿轮等组成。

（4）驱动齿轮的靠背轮设置在驱动板上。其位置在驱动齿轮与齿条啮合点的后背处，用以平衡驱动齿轮与齿条啮合的径向力。

（5）电磁制动器连接在电动机尾部。在电动机得电的同时，接通制动器励磁线圈，在轴向电磁力作用下，制动盘式克服弹簧力被释放；当电动机断电时，制动器励磁线圈同时断电，在弹簧力的作用下，制动器产生制动力矩，将电动机轴锁住，使作业平台停止运行，并且制停在导轨架的某一位置上。

在制动电机后端装有手拉释放环，该释放环是制动力手动释放装置。提拉该释放环，电动机的转轴得到释放，使平台在重力作用下缓慢下降。

（6）防坠安全器固定在驱动板上。其轴端的齿轮与导轨架上的齿条相啮合，当作业平台因故障而超速下坠时，防坠安全器内的离心块克服弹簧拉力，带动制动锥鼓旋转，与其相连的螺杆同时旋进，使制动锥鼓与锥形外壳接触，并且逐渐增加摩擦力使齿轮轴停止转动，将平台制停在导轨架上。在螺杆旋进时，碰断连锁微动开关，切断控制电源，使电动机停转，确保人员和设备的安全。防坠安全器的动作速度在出厂时已经调定并且进行铅封。

在防坠安全器从动齿轮与齿条啮合点后背处的驱动板上也设有一组靠背轮，用以平衡从动齿轮与齿条啮合的径向力。

3. 作业平台

作业平台由数节平台标准节对接而成，通过螺栓或销轴连接在驱动单元两侧。作业平台可以在一定的长度范围内，根据施工现场空间不同的施工要求，选择不同数量的平台标准节，可随意组合成多种不同长度的作业平台。

延伸平台是为了适应施工作业面在水平方向的里出外进，而以基本平台为基础，局部可作横向伸缩的平台。

4. 底架/底盘

底架/底盘是承载施工升降平台整机重量和工作载荷的承力部件，也被统称为底座。因此要求底座放置平面的地基基础应坚实、平整、能承受整台设备重量和工作载荷而不发生塌陷。

底座顶部中心部分是用来安装导轨架的。通常在底座四角装有伸缩臂或摆臂，用来调整底座支撑位置。摆臂一端铰接在底座上，使摆臂可以在水平面内绕铰点摆动。伸缩臂可在一定范围内向外伸展，以扩大支撑范围。在摆臂或伸缩臂外端设有可调节支承座，用来承受整机重量和工作载荷。支承座通过螺杆来调节底座的水平度与导轨架的垂直度。

5. 附墙架

附墙架是导轨架与建筑物之间的连接部件，用以增强导轨架的刚度并且增加导轨架的整体结构稳定性。附墙架由标准节固定杆、支撑杆、拉杆和连接座组成。

6. 电动吊杆

电动吊杆由支撑架、吊杆、微型电动葫芦和吊钩组成。吊杆通过支撑架安装在驱动单元上。在安装或拆卸标准节时，以电动葫芦为动力，牵引钢丝绳带动吊钩起吊标准节，进行拆装作业。在平台驱动和传动系统进行维修或换件时，也可利用电动吊杆进行吊装作业。

7. 电气控制系统

施工升降平台的所有动作都由电气系统控制。电气系统由电控箱、手持式操作按钮盒、行程限位装置、极限限位装置、机电互锁装置及电源电缆等组成。电控箱安装在作业平台上，主要配有接触器、控制变压器、短路保护器、热保护继电器、相序保护继电器和漏电保护开关等控制元件。

电气控制系统通过设置在导轨架上、下端的行程撞块，触碰上、下行程限位开关（自动复位型），来控制驱动单元上升到最上端及下降到最下端的工作行程。通过行程撞块触碰上、下极限限位开关（非自动复位型），分别防止平台向上运行冲顶，向下运行撞底。

电气控制系统通过设置在驱动单元与作业平台下铰点处的销式传感器，来限制作业平台超力矩。

电气控制系统通过设置在驱动单元下端的平衡机构，来自动调节双导轨架平台的两套驱动机构同步升降运行，可有效地控制双机运行时作业平台的过度倾斜，使作业平台的纵向倾斜角度控制在安全范围以内。

第三章　施工升降平台安全技术要求

第一节　安装作业安全技术要求

安装作业人员应按专项施工方案和使用手册的规定进行安装作业施工。在安装过程中，如出现现场实际情况与专项施工方案不符，需进行变更时，应按照规定程序重新审核与报批。

一、底座安装技术要求

（1）底座应准确地放置在经过放线定位的基础之上。

（2）支腿外伸长度不得超出外伸极限位置或露出极限警示标志。

（3）在使用支腿调整底座水平度和基础导轨架（一般由 2 ～ 4 段标准节组成）垂直度时，应使底架滚轮 / 底盘车轮离开地面，脱离承重状态。

二、导轨架及附墙架安装技术要求

（1）在安装标准节接高导轨架时，应及时安装相应的附墙架；在安装过程中，导轨架安装高度不得超出使用手册规定的导轨架最大独立安装高度、最大自由端高度和最大允许安装高度。

（2）附墙架的安装位置应符合附墙架安装位置图；若实际安装位置发生变化，应按规定程序办理专项施工方案变更手续。

（3）在对接导轨架标准节时，应使相邻标准节主杆（或称立柱）的结合面对接平直，相互错位形成的阶差应不大于 0.8mm。相邻齿条对接处，沿齿高方向的阶差应不大于 0.3mm，沿长度方向的齿距偏差应不大于 0.6mm。

（4）每组导轨架接高安装完毕后，均应通过调整附墙架，对导轨架垂直度进行校正，且应及时重新设置上行程限位和上极限限位装置。

（5）当安装到导轨架预设的最大工作高度时，应安装一节颜色有别于普通标准节，且不设齿条的顶端专用标准节。

（6）对超高安装的导轨架，应按使用手册规定安装加厚标准节。

（7）导轨架标准节应采用高强度螺栓连接，其规格不小于 M16，强度等级不小于 8.8 级，拧紧力矩不小于 150N·m；螺母宜安装在螺栓上部；紧固后螺栓头部应露出 2 ～ 4 个螺距。

（8）附墙架应在一定范围内可以调节连接尺寸；沿导轨架高度方向一般每间隔 6m 安装一道附墙架；最低的一道附墙架距离地面的高度 3 ～ 4m 为宜；在最高的一道附墙架以上的导轨架悬臂高度不得超过 5.0m；附墙架安装后的最大水平倾角应不大于 ±8°。

（9）导架安装后的垂直度偏差，应符合表 3-1 规定。

导架安装垂直度偏差表 **表 3-1**

导架设置高度 h（m）	$h \leqslant 70$	$70 < h \leqslant 100$	$100 < h \leqslant 150$	$150 < h \leqslant 200$	$h > 200$
垂直度偏差（mm）	$\leqslant (1/1000)h$	$\leqslant 70$	$\leqslant 90$	$\leqslant 110$	$\leqslant 130$

三、作业平台安装技术要求

（1）应以驱动单元为中心，按对称原则顺序交替安装两侧平台标准节；单导架工作平台的两侧平台悬挑长度宜相等。

（2）所有机型的平台长度，均不应超出使用手册规定的最大平台长度。

（3）护栏安装高度：当平台与墙面的水平距离为 0.3 ～ 0.5m

时，护栏高度应不低于 0.7m（可无中间横杆，但须有护脚板）；当水平距离大于 0.5m 时，护栏高度应不低于 1.1m，护脚板的高度应不低于 0.15m，中间横杆距顶部横杆或护脚板的距离均应不大于 0.5m；水平距离小于 0.3m 时，不需安装护栏。

（4）延伸平台与主平台的高度差应不大于 0.5m。

（5）入口门应向内打开，且应能自动关闭或设置连锁装置。

（6）底板上的活板门不得向下打开，且应可靠锁紧。

（7）平台标准节应采用 8.8 级（含）以上高强度螺栓连接;紧固后螺栓头部宜露出 2 ～ 4 个螺距。

（8）采用销轴或螺栓连接各平台标准节及驱动单元时，销轴尾部的开口销必须安装到位；螺栓连接必须具有防止松脱的措施。

（9）相邻作业平台端部水平间距应不小于 0.5m。

（10）在作业平台醒目位置，应设置载荷图表（标明各工况允许的承载人数、额定载荷及载荷分布要求）。

（11）当作业平台处于最低位置，其台面与地面高度差大于 0.5m 时，应设置带扶手的安全梯；扶手与踏板前缘的垂直高度应不小于 0.9m；踏板间距应不大于 0.3m。

四、驱动系统安装技术要求

（1）所安装的驱动装置的最大额定速度应不大于 0.2m/s。

（2）制动器应调整至能使在额定速度下运行并载有 1.25 倍额定载荷的平台停止运行，且不应出现瞬时下滑的现象。

（3）驱动装置安装后，应使齿轮与齿条的啮合宽度不小于 90% 的齿条宽度。

（4）齿面的接触长度沿齿高应不小于 40%；沿齿长应不小于 50%；齿面侧隙应为 0.2 ～ 0.5mm。

五、电气系统安装技术要求

（1）电控系统的安装应由专业持证电工操作。

（2）安装用电应符合现行行业标准《施工现场临时用电安全技术规范》JGJ 46 的规定。

（3）金属结构和电器金属外壳均应接地良好，接地电阻应不大于 4Ω，重复接地电阻应不大于 10Ω。

（4）带电零件与机体间的绝缘电阻应不小于 2MΩ。

（5）导线与线束应卡牢、固定，不得松散、摆动。

（6）应确保随行电缆在平台运行全程内收放自由、移动安全。

（7）电气控制箱门应安装锁具。

六、安全装置安装技术要求

（1）所安装的防坠安全器，应在有效标定内；应在平台速度超过 0.5m/s 之前触发，且能制停载有 1.1 倍额定载荷的平台；触发时，应能自动切断驱动系统的控制回路。

（2）调整超载 / 超力矩保护装置，使其在平台达到 1.1 倍额定载荷 / 力矩前触发，切断平台升降控制回路，且持续发出声光警告信号，直至超出的载荷被卸除。

（3）设置在驱动装置失效时，可对平台进行手动紧急下降 / 提升的装置；该装置的手动操作力应不大于 400N。

（4）调整上 / 下行程限位装置，使平台运行至最高 / 最低工作位置时，应停止运行。

（5）调整上 / 下极限限位装置，以确保当上 / 下行程限位装置失效时，平台能够停止运行。

（6）安装作业平台向下运行时的声光报警装置，当平台运行至地面 2.5m 之前，应连续发出报警信号。

（7）调整双导架平台的自动调平装置，应使平台在运行中纵向水平偏差达到 ±2° 之前，进行自动调平。

（8）导轨架安装高度大于 105m，应在导轨架顶端安装中光强 A 型航空障碍灯。

第二节　安装后运行试验安全技术要求

一、空载运行试验

（1）整机全部安装完毕后，应进行空载试运行。

（2）在试运行前，应确保齿轮、齿条之间无杂物，且对齿轮、齿条进行充分润滑。

（3）空载试运行应在平台升降的全行程范围进行，且不少于三个工作循环。

（4）在每个升/降全行程中，应进行不少于两次制动试验，其中在半行程处进行一次制动，制动器不应存在滑移现象。

（5）驱动装置不应出现滴油现象（15min 内有油珠滴落）。

二、额载运行试验

（1）应在空载试运行完毕后，进行额载试运行。

（2）在平台上均匀分布额定载荷，在全行程进行一次额载升降运行试验。

（3）在升/降过程中，应进行不少于一次制动试验，制动器不应存在滑移现象。

（4）驱动装置不应出现滴油现象。

第三节　拆卸作业安全技术要求

（1）在拆卸作业前，应清除平台及导轨架上的杂物、垃圾、障碍物；应对连接螺栓、附墙架、安全防护装置进行检查，重点确认防坠安全器和限位装置与极限装置的有效性；在确保安全的情况下进行拆卸作业。

（2）拆卸作业应符合专项施工方案规定的程序与要求。

（3）在拆卸附墙架时，应始终保持导轨架自由端高度不大于最大自由端高度；应缓慢松开连接螺栓，防止因附墙架突然松开，造成导轨架晃动或失稳。

（4）在拆卸导轨架顶部标准节，将上行程限位触发装置同时拆卸后，应严格控制平台上升操作；在必须进行平台上升操作时，应设专人操控急停装置，进行安全监护。

（5）应确保与基础相连接的基础导轨架在最后一个附墙架拆卸后，仍能保持各方向的稳定性。

（6）被拆卸的零部件构件运至地面后，应放置在指定位置并分类码放整齐；螺栓、销轴等小件应分类装袋或装箱存放。

第四章　施工升降平台安装与拆卸

第一节　安装准备阶段的基础工作

一、对安装队伍及安拆人员的基本要求

1. 对安装队伍的基本要求

（1）必须符合相应的规定。

（2）必须明确安全技术负责人，进行统一指挥。

（3）在施工前，必须进行书面安全技术交底，使每个作业人员确认熟悉安装施工方案，掌握安全操作规程。

2. 对安装人员的基本要求

（1）必须年满 18 周岁，具有初中（含）以上文化程度。

（2）必须身体健康，无不适合高处作业的心脏病、高血压、恐高症、癫痫等疾病。

（3）必须经过专业安全技术培训，经考核合格并取得“培训合格证”后方能上岗作业。

（4）必须熟悉设备的主要结构、性能和特点，具备熟练的操作技能和排除设备一般故障的能力。

（5）施工时必须佩戴必备的安全防护用品，如安全帽、安全带、紧身衣、防滑鞋等，并且严禁酒后或过度疲劳状态上岗。

（6）应在指定的岗位上工作，不得擅自离开或随意调换岗位。若因工作需要，中途调换人员，应做好充分的交接工作。

（7）在安装期间，每组安装人员不得少于 4 名，其中至少包括电工 1 名。

二、安装前的技术准备

1. 编制专项施工方案

（1）专项施工方案的编制依据

依据住房和城乡建设部令第37号《危险性较大的分部分项工程安全管理规定》第十条，施工单位应当在危险性较大的分部分项工程施工前组织工程技术人员编制专项施工方案。

在住房和城乡建设部办公厅关于实施《危险性较大的分部分项工程安全管理规定》有关问题的通知（建办质〔2018〕31号）文件明确规定的危险性较大的分部分项工程的范围中，施工升降平台被列入脚手架工程，属于危险性较大的分部分项工程。据此，施工升降平台在施工前，应由有关单位组织工程技术人员编制专项施工方案。

（2）专项施工方案的编制与修改程序

实行施工总承包的，专项施工方案应当由施工总承包单位组织编制。施工升降平台工程实行分包的，专项施工方案可以由相关专业分包单位组织编制。

专项施工方案应当由施工单位技术负责人审核签字、加盖单位公章，并由总监理工程师审查签字、加盖执业印章后方可实施。

施工升降平台施工项目实行分包并由分包单位编制专项施工方案的，专项施工方案应当由总承包单位技术负责人及分包单位技术负责人共同审核签字并加盖单位公章。

施工单位应当严格按照专项施工方案组织施工，不得擅自修改专项施工方案。

因规划调整、设计变更等原因确需调整的，修改后的专项施工方案应当按照规定程序重新审核和论证。

（3）专项施工方案的基本内容

1）工程概况

包括：工程名称、工程地址；建筑面积、最大标高、工程特点；安装单位、使用单位；作业项目、预计工期、施工要求和技术保证条件等。

2）编制依据

包括：相关法律、法规、规范性文件、标准、规程；与施工升降平台安装相关的建筑图样、工程项目施工组织设计等。

3）投入安装的设备说明

包括：施工升降平台的制造厂商，待安装的施工升降平台的出厂年限、规格型号、主要技术参数等。

4）机位平面布置设计方案

在机位平面布置图上，包括：各机位编号、相邻作业平台之间水平净距离，列表标明各机位采用施工升降平台的规格型号、平台长度、安装高度、底座基础型式及专用配电箱的数量与安装位置等。

5）建筑或构筑结构支撑能力校核

包括：计算底座对地面基础和附墙架对建/构筑结构施加的最大作用力;（若有）预埋件或锚固件的相关计算；委托相关单位校核建/构筑结构局部及整体能否承受施工升降平台施加的作用力。

6）施工作业计划

包括：劳动组织人员计划（含专职安全生产管理人员、安装与拆卸作业人员和其他配套施工人员的配备计划）、材料设备进场计划、供配电计划、安装与拆卸施工进度计划等。

7）施工安全技术措施

包括：施工人员岗位责任制、施工准备工作、安全技术交底要点、施工作业流程、调试程序与技术要求、自检与检测验收安排等。

8）安装与拆卸施工安全注意事项

包括：劳动保护用品使用规定、人员安全防护注意事项、安全警戒措施、恶劣气候条件处置措施、作业安全操作规程、特殊季节应采取的相应措施等。

9）安装与拆卸过程的应急措施与安全事故救援预案

包括：应急救援组织机构、各类紧急情况出现或事故发生时（例如：人员坠落、物体打击、触电、骨折、出血过多、休克以及现场火灾等）的具体应急救援措施及预案。

2. 进行安全技术交底

（1）安全技术交底的依据

根据《建设工程安全生产管理条例》（中华人民共和国国务院令第393号）第二十七条规定，建设工程施工前，施工单位负责项目管理的技术人员应当对有关安全施工的技术要求向施工作业班组、作业人员作出详细说明，并由双方签字确认。

《危险性较大的分部分项工程安全管理规定》（住房和城乡建设部令第37号）第十五条规定，专项施工方案实施前，编制人员或者项目技术负责人应当向施工现场管理人员进行方案交底。

（2）安全技术交底的对象及方式

施工升降平台在安装施工前，应由安装单位项目技术负责人依据专项施工方案、工程实际情况、特点和危险因素，编写安全技术交底书面文件，并向参与安装施工的班组和所有人员进行详细的安全技术交底。应使安装作业人员熟知专项施工方案，明确安装程序、安装要点与方法、安全操作规程及安全保障措施等。安全技术交底完毕后，所有参加交底的人员应履行签字手续，并归档保存。

（3）安全技术交底的主要内容

1）施工现场需要遵守的规章制度、施工安全、文明施工和劳动纪律。

2）安全防护用品的配备及使用要求。

3）本次安装工程项目的特点与注意事项。

4）本次安装工程的周边环境及危险源，及针对危险部位采取的具体防范措施。

5）本次安装拆卸施工工艺流程和具体施工方案的内容。

6）本次安装拆卸施工作业的技术要点。

7）安装拆卸作业的安全操作规程和规范。

8）安全防护措施的正确使用与操作。

9）施工升降平台的安全使用规定和安全注意事项。

10）发现事故隐患应采取的应对措施。

11）施工作业发生紧急情况时的应急处理措施与救援预案。

12）发生事故后应及时采取的紧急避险、自救方法、紧急疏散和急救措施。

13）其他安全技术事项。

3. 查验现场施工条件

在设备进入施工现场前，安装单位应查验场地施工条件，并确认以下内容：

（1）查验运输车辆进出场路线与卸料场地的安全性。

（2）查验设备基础验收表、隐蔽工程验收单和混凝土强度报告等相关资料，确认基础和地基承载力、预埋件和基础排水措施等，应符合专项施工方案的规定。

（3）查验附墙结构部位的预埋件和预留孔等，应符合专项施工方案的规定。

（4）查验现场供配电应符合现行行业标准《施工现场临时用电安全技术规范》JGJ 46 的规定。

（5）在有高压输电线的场合，查验整机与输电线的安全距离应符合表 4-1 规定；如因条件限制，不能保证表 4-1 规定的安全距离，应与供电部门协商，并采取安全防护措施后，方可实施安装作业。

施工升降平台与高压输电线的安全距离　　表 4-1

电压（kV）	＜1	1 ～ 15	20 ～ 40	60 ～ 110	220
安全距离（m）	1.0	1.5	2.0	4.0	6.0

（6）平台安装位置与塔式起重机、施工升降机、物料提升机等其他施工设施之间应保持不小于 2m 的安全距离。

4. 做好施工准备工作

（1）在作业区域设置警戒线及明显的警示标志或指派专人值守，防止非作业人员进入警戒区域内。

（2）做好安全帽、安全带、安全绳等劳动安全防护用品的检查与配备。

（3）做好安装用工具、仪表、设施和设备的准备，如扳手、电锤、磁力线坠、钢卷尺、经纬仪、通信对讲机等，并确认其完好。

（4）对准备安装的零、部、构件进行全面检查：

1）检查和清点待装零、部、构件，确认必须是同一制造厂商配套提供的；

2）检查所有待装零部件，并确认是经过检修合格的，且在规定使用期限内；

3）检查所有待装结构件，并确认其无裂纹和明显弯曲，扭曲或局部变形；对有可见裂纹的构件进行修复或更换，对有严重锈蚀、磨损、变形的构件必须进行更换；符合产品标准有关规定后方能进行安装；

4）检查安全装置，并确认其有效、可靠、齐全，防坠安全器在有效标定期内；

5）按整机配套安装数量清点零部件、结构件、配套件和紧固连接件的数量；

6）准备支架、垫块、木方等安装作业辅助物料；

7）将检查清点合格的零、部、构件搬运至指定的待安装位置。

第二节　施工升降平台的进场查验

目前，施工升降平台和高处作业吊篮等高空作业机械设备尚未纳入特种设备管理范围，缺乏全国统一的监管办法。因此，对高空作业机械设备在进入施工现场前进行查验是十分重要的。根据《建设工程安全生产管理条例》的规定，未经进场查验或者查验不合格的产品，严禁在施工现场安装使用。

一、施工升降平台进场查验的基本方法

1. 进场查验的组织工作

施工总承包单位应在施工升降平台进入施工现场后，组织查验生产厂商的相关资料，进场产品的合格证、构件清单，施工单位应提供制造厂家出厂合格证书，并派专人负责管理，建立进场验收资料档案，并定期安排维护保养。

2. 进场查验的基本工具

主要是钢卷尺、钢板尺、游标卡尺、直角尺、厚薄规（塞尺)、磁力线坠和万用表等。

二、施工升降平台进场查验的主要内容

1. 相关资料查验

主要应查验:

（1）设备产权单位的资格证书，包括营业执照、安全生产许可证、资质证书等;

（2）产品检测报告、鉴定（或评估）证书、出场前自检记录、出厂合格证;

（3）操作人员及管理人员培训合格证书等。

2. 安全装置查验

（1）防坠安全装置

主要应查验:

1）每个驱动单元必须装有一套防坠安全装置;

2）应具有防坠安全装置触发时，电控系统有效切断总电源的功能;

3）防坠安全装置具有型式试验报告，应当在有效标定期限内使用;

4）防坠安全装置在任何时候都应该起作用，包括安装和拆

卸工况。

（2）双导轨架平台自动调平装置

主要应查验:

1）当水平偏差大于 1° 时，水平限位开关应及时启动，进行有效自动调平;

2）水平偏差最大达到 2° 时，调平极限限位开关应及时启动，整个电控系统应断电。

（3）上下限位装置

施工升降平台的顶部标准节和底部标准节均应设置行程限位开关，当平台上升到顶或下降到底时，可触动行程限位开关，切断总电源，防止平台出现意外事故。

另外，除设置行程限位开关外，还应有其他构造措施，如顶部标准节设置半根齿条或不设齿条，底部设置机械开关，进行双重行程限位，避免发生冒顶或下降到底后的撞击事故。

3. 其他项目查验

其他项目查验按表 4-2 进行。

其他项目查验表　　　　表 4-2

序号	查验项目		查验标准
1	标识标志		标识、标志应齐全，其规格、基本参数、载荷要求等应明确
2	主要结构件	焊缝质量	结构件焊缝应饱满、平整，不应有漏焊、裂缝、弧坑、气孔、夹渣、烧穿、咬肉及未焊透等缺陷；焊渣、灰渣应清除干净
3		紧固件	紧固件无变形，连接螺栓可靠
4		铸件质量	铸件表面应光洁平整，不应有砂眼、包砂、气孔，冒口、飞边毛刺应打磨平整
5	动力装置	电缆线	无破损、压折等现象
6		电气元件	无磕伤或损坏，动作灵敏可靠，符合相关标准规范要求

续表

序号	查验项目		查验标准
7	动力装置	密封性	传动系统不应出现滴油现象（15min 内有油珠滴落为滴油）
8		运行状况	无异响，润滑到位
9	外观质量	涂漆及镀锌质量	涂漆件应干透、不粘手、附着力强、富有弹性；不应有皱皮、脱皮、漏漆、流痕、气泡； 镀锌件的镀锌层应表面连续，无漏镀、露铁，不应有流挂、滴瘤或熔渣存在
10		几何形状	连接件和结构件无明显变形
11	安全防护装置	护栏	无明显弯曲变形，焊接或螺栓连接可靠
		踢脚板	无破损，无明显弯曲变形
		防护网	无破损

第三节　安装作业的基本程序与技术要领

一、底座安装基础处理

在底座安装之前，应按照使用手册或设计要求对底座安装位置处的地基基础进行妥善处理。根据不同的施工现场条件，需因地制宜地选择最为经济且合理的基础处理方式。

1. 对于地基坚实的混凝土地面

可以经过简单找平处置后，直接放置底座。

2. 对于条件较好的回填土质地面

经过充分夯实后，在其上层使用砂砾等坚实材料找平，然后在上面均匀铺设模板（厚度不小于 50 mm 的厚木板或槽钢）作为基础（如图 4-1*a* 所示）。

3. 对于土质条件比较差的地面

可以根据平台底座尺寸在现场浇筑混凝土基础（图 4-1*b*），也可使用预制钢筋混凝土板作为基础。

（a）

（b）

图 4-1　基础处理方式示例

（a）铺设模板方式；（b）现浇或预制底板方式

4. 对于受场地限制无法直接设置基础的地面

如果底座安装位置受到施工场地限制，可根据场地具体情况专门设计简单的钢结构基础（图 4-2），以满足施工需要。

图 4-2　钢结构基础示例

二、安装作业基本程序

1. 安装底座

（1）按照施工方案的设计要求进行放线定位，将底座平稳地安放在预定的基础安装位置上。

（2）将底座可调支腿的伸缩臂或摆臂尽量伸展到最大极限位置上，伸出长度以不漏出红色警示标记为准。

（3）伸缩臂或摆臂展开遇到局部障碍时，可视具体情况避让。

（4）将可调支腿摇起，调整伸缩臂或摆臂端部支承座的高度。初步调整底座的水平度，并使滚轮 / 车轮离开地面 10 ～ 20cm，调整位置以满足图纸尺寸的要求。

（5）将缓冲块或缓冲弹簧安装在底座上。

2. 安装基础标准节

（1）在底座上安装 2 ～ 3 节标准节，即基础标准节。

（2）在标准节之间穿入高强度螺栓，按规定力矩拧紧。

3. 安装驱动单元

（1）将驱动单元上的所有导轮调整至最大偏心量处，使间隙放置为最大。

（2）采取相应措施释放所有电机制动器，以利于驱动单元就位与安装。

（3）采用辅助起重设备将驱动单元吊起套装在标准节上，使驱动齿轮及防坠安全器齿轮与固定在标准节上的齿条相啮合。

（4）将驱动单元缓慢放置在底座缓冲块上。

（5）及时将制动器恢复到制动状态。

（6）通过旋转导向轮偏心轴，调整齿轮与齿条的间隙。

（7）检测各驱动齿轮和防坠器齿轮与齿条的啮合间隙，其值应在标准规定（接触斑点沿齿高应≥ 40%，沿齿长应≥ 50%，齿面侧隙为 0.2 ～ 0.5mm）范围内。

（8）通过旋转相应导轮的偏心轴，来调整导轮与导向立柱之间的间隙。

（9）检测各正面导轮和侧向导轮与导轨架导向立柱之间的间隙，其值应控制在 1.0 ～ 1.5mm 范围内。

4. 安装平台标准节

（1）将平台标准节通过法兰或铰链对接在驱动单元两侧，若采用高强度螺栓（至少 8.8 级）进行连接，其拧紧力矩应符合使用手册规定；若采用销轴连接，则在安装完毕后一定要安装开口销或同类锁止元件，以防止销轴脱落。

（2）在安装时，两侧的平台标准节应成对交替对接，以保持整体受力均衡（图 4-3）。

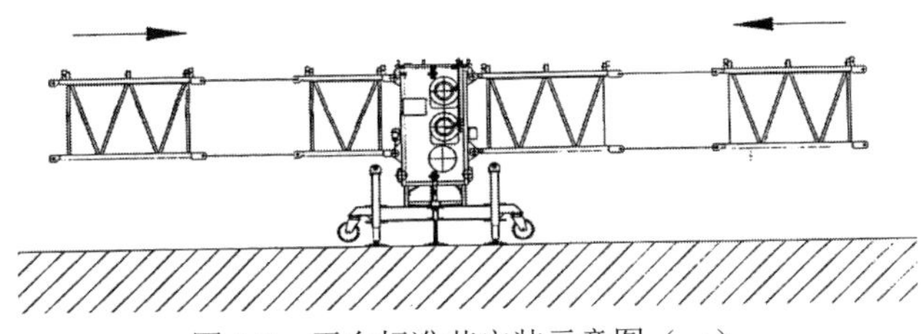

图 4-3　平台标准节安装示意图（一）

（3）继续安装后续平台标准节，直至达到预定的平台总长度为止。注意：每安装一节平台标准节后，宜在其下部进行临时支撑（图 4-4），以防止平台向一侧倾倒。

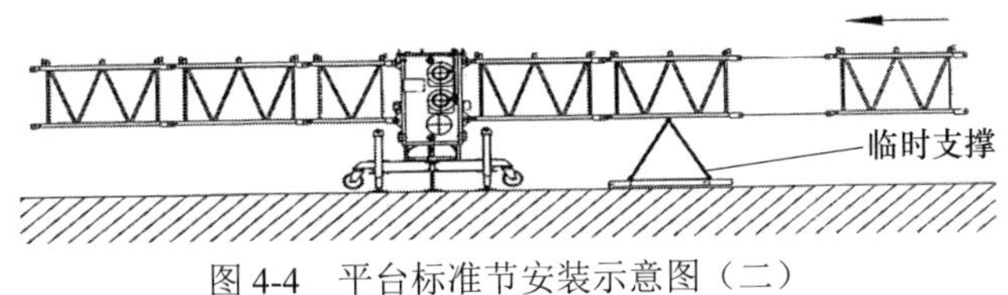

图 4-4　平台标准节安装示意图（二）

5. 安装平台防护栏杆

（1）将平台护栏安装在作业平台四周。

（2）在护栏立杆底部插入螺栓并且紧固，避免护栏被意外拔出发生危险。

6. 加装导轨架标准节

（1）安装第三节至第五节标准节，并按规定的力矩拧紧其连接螺栓。

（2）初调导轨架垂直度：用经纬仪检查并用底座支承座调整导轨架的垂直度，使其在两个互相垂直的立面上，垂直度误差均不超过 5mm。

7. 安装电控系统

（1）将电控箱安装在作业平台中部护栏指定位置，用螺栓固定。

（2）将电控箱附近电缆线排列整齐、固定牢靠，防止在平台升降过程中扯动电缆线，并按照现行行业标准《施工现场临时用电安全技术规范》JGJ 46 的相关要求，进行电控系统安装。

（3）确认安装无误后，接通电源进行调试。

8. 初步试运行

（1）接通升降作业平台电源。

（2）进行升降作业平台试运行，确保各个动作准确无误。

（3）调整下行程限位碰块的安装位置，应保证作业平台满载向下运行时，限位开关触及下限位碰块自动切断控制电源而停车时，能使驱动单元底部至缓冲块之间留有适当的距离。

（4）调整下极限限位碰块的安装位置，应保证下极限限位开关在下行程限位开关触碰之后再动作，而且使驱动单元不得碰撞缓冲块。

9. 接高导轨架及安装附墙架

（1）在距地面约 3 ～ 4m 处（或按使用手册规定）安装第一道附墙架，将所有螺栓可靠紧固。

（2）继续进行标准节的接高作业，直至达到所需要的工作高度。

（3）导轨架每隔 6m 左右（或按使用手册规定）安装一道附墙架。

（4）最上面一道附墙架以上的导轨架自由端最大悬臂高度不应超过 5.0m（或按使用手册规定）。

（5）导轨架测量：每安装一道附墙架，都需要用经纬仪对导轨架在两个相互垂直方向测量垂直度。如果超出表 4-3 要求，则须进行校正。可采用调节附墙架连接杆和调节杆的方法进行校正。

导轨架垂直度要求应符合的规定。

导轨架垂直度允许偏差 **表 4-3**

导轨架架设高度 h（m）	$h \leqslant 70$	$70 < h \leqslant 100$
垂直度允许偏差（mm）	≤导轨架架设高度的 1/1000	≤ 70

10. 调整上行程限位

（1）当导轨架安装高度达到预设高度时，调整上行程限位碰块和上极限限位碰块，以防止作业平台冲顶。

（2）首先安装上行程限位碰块，该碰块的安装位置应保证作业平台向上运行至行程限位开关碰到限位碰块而停止后，平台作业面达到最大作业高度位置，且作业平台上部距导轨架顶部距离不小于 500mm。

（3）然后调整上极限限位碰块，该碰块的安装位置应保证上极限限位开关与上行程限位开关之间的越程距离为 50 mm 以上。

（4）行程限位碰块和极限限位碰块安装调整完毕后，应校验其动作的准确性及可靠度。反复校验次数不得少于三次。

三、安装作业操作要领

1. 导轨架接高的操作要领

（1）将作业平台开至下限位所允许到达的最低位置。

（2）按住电动吊杆电动葫芦的下降按钮，放下吊钩和标准节专用吊具。

（3）在地面用吊具挂好一节标准节，按住电动葫芦的上升按钮，将该标准节从地面提升至作业平台上安放平稳。

（4）操控作业平台上升。当作业平台上升至驱动单元上端距最高一节标准节止口处相距 250mm 左右时，停止作业平台运行。

注意：在作业平台上升过程中，应将电动吊杆的吊臂转至安全处，并临时固定，以确保作业平台运行时吊臂不与导轨架及周围建筑物发生碰撞或剐蹭！

（5）使用电动吊杆吊起待装标准节，应高出导轨架最上端标准节 200mm 左右；擦拭标准节对接处的接口，并均匀涂抹少量钙基润滑脂（黄油）；然后缓缓转动吊臂，使标准节接口对正；缓慢放下标准节，使四个接口完全吻合。

（6）穿好连接螺栓并拧紧。

（7）从标准节上取下吊具，收回吊钩；将吊臂转至安全位置，操控作业平台下降，进行下一个标准节的接高作业。

2. 附墙架安装的操作要领

（1）第一道附墙架距地面的安装高度为 3 ～ 4m；相邻两道附墙架间隔距离 6m 左右；最上一道附墙架以上，导轨架顶部自由端最大高度不应超过 5.0m。

（2）具体操作方法及安装程序（图 4-5）。

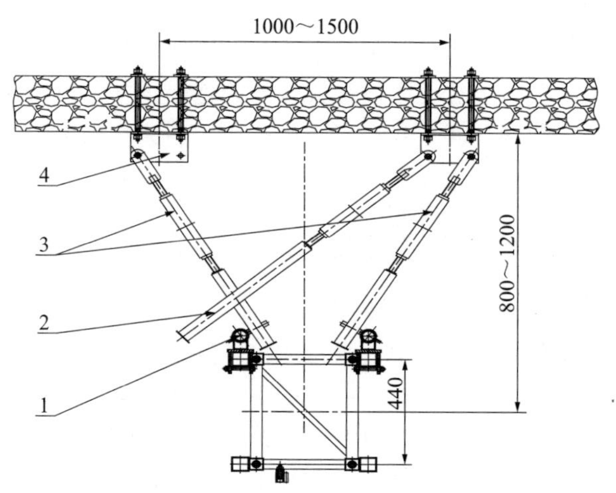

图 4-5　附墙架安装示意图（mm）

1）在需要安装附墙架的导轨架相应高度处，将固定杆 1 用高强度螺栓连接在标准节的立柱上。

2）将两个固定座 4 分别安装并且紧固在建 / 构筑物上，其间距为 1000 ～ 1500mm（或按使用手册规定）。固定座应通过预埋在钢筋混凝土结构内的螺栓（不小于 M16）进行固定；若无法预设预埋螺栓，则采用穿墙螺栓将固定座紧固在建 / 构筑结构墙体上。用于固定附墙架的墙体应能承受每个固定座对其施加的最大静拉力，而不被破坏。每个固定座的固定螺栓数量不应少于 2 条。若采用膨胀螺栓进行固定，必须按照现行行业标准《混凝土结构后锚固技术规程》JGJ 145 计算其锚固强度，其强度须满足上述静拉力要求。

采用冲击钻对墙体进行钻孔操作时，操作人员必须系好安全带，站稳扶好。

3）将拉杆 3 一端采用高强度螺栓与固定座 4 连接，另一端采用旋转扣件与标准节固定杆 1 连接。

4）将支撑杆 2 一端采用高强度螺栓与固定座 4 连接，另一端采用旋转扣件与拉杆 3 连接。

5）采用经纬仪进行测量，确认导轨架垂直度误差在规定范围之内后，将各处扣件及连接螺栓拧紧。可采用调节拉杆 3 与支撑杆 2 长度的方法来调整和校正导轨架垂直度。

四、安装作业常见问题的处置

1. 安装过程中常见问题的原因及处理

（1）在组装平台标准节后，出现平台整体上表面凹凸不平的原因是没有按照规定要求依次搭设。为了避免此类问题，安装时应严格按照施工方案的要求及装配顺序进行组装。

（2）安装护栏时，无法插入护栏插管或安装位置偏差的原因是：防护栏杆构件在运输或装卸过程中插管出现变形。解决的办法是：安装前注意检查，发现问题使用专用工具进行校直或更换。

（3）延伸平台所使用的伸缩杆无法安装的原因：一是套装伸缩杆基本平台的横杆内，存在锌瘤或异物没清理干净；二是伸缩杆变形。解决的办法是：安装前进行检查，发现问题进行现场清理或校直。

（4）随着导轨架安装高度的增加，后安装的导轨架垂直度超出允许偏差的原因：一是底部安装的标准节在连接端面有夹杂物，或有焊渣、锌瘤没清理干净；二是标准节连接螺栓未完全拧紧。解决的办法是：从下至上逐节重新检查核实导轨架垂直度，发现有问题的标准节要进行重新组装，发现不满足精度要求应进行更换。

（5）单导轨架平台安装时出现导轨架扭曲的原因是：在安装驱动单元两侧作业平台时，作业平台长度不对称，或加载不对称。解决的办法是，在经纬仪监测下，在导轨架与建 / 构筑物之间使用手拉葫芦进行牵拉，从下至上依次逐节进行调整。

2. 安装后常见问题及处理方法

常见问题及处理方法见表 4-4。

安装后常见问题及处理方法　　表 4-4

序号	常见问题	故障分析	处理方法
1	电源线接通后，无法启动	电源线接线处相序错误或相序保护器损坏	将电源线接线处换相，检查相序保护器是否正常
2	按下启动按钮指示灯亮，但无法运行	平台入口门未关严	检查并使其复位
3		上升或下降限位被卡死	检查并使其复位
4		自动调平装置起作用	调整平台水平度
5	启动后，平台反向运行	相序保护器线接反	调换任意两相线接头
6		380V 空开相序接反	
7		电动机接线盒内相线接反	
8	平台只能升不能降	下行限位出现故障	更换或修复
		下行接触器出现故障	
9	平台只能降不能升	上行限位出现故障	更换或修复
		上行接触器出现故障	
10	平台下降速度过快	平台超载或电机摩擦片磨损严重，或电机故障	核实平台载荷情况，检查制动器和电机
11	下降速度过快致使平台突然停止	防坠安全器被打开	按住启动按钮，拨动钥匙开关，使平台向上运行至少 0.5m，解除防坠安全器的锁止后，排除故障
12	启动平台运行，电机响，热继电器跳闸	电机缺相	用万用表查找缺相原因并修复
13	双导轨架平台无法自动调平	自动调平装置调整不当	重新调整

第四节　安装后的检查与验收

一、安装后的检查验收依据

施工升降平台属于在施工现场使用的自升式设备设施，应按照《建设工程安全生产管理条例》（国务院令 393 号）的规定，施工单位在使用施工升降平台前，应当组织有关单位进行验收，也可以委托具有相应资质的检验检测机构进行检验验收。

二、安装后的检查验收组织与程序

（1）在施工升降平台安装完毕后，首先应由安装单位技术负责人组织本单位的安全质量检验员和安装项目负责人对安装后的施工升降平台逐台进行自行检查并记录。对检验不合格的项目，由安装项目负责人立即组织整改。所有项目经自检及整改合格后，填写《施工升降平台安装质量自检表》，并由所有参与自检的人员签字确认，存档备查。

（2）自检合格后自检报告由安装单位提交给使用单位，然后由使用单位会同设备租赁单位、安装单位、工程总承包单位和监理单位的相关人员共同对施工升降平台进行验收。

（3）检查验收要形成书面记录，有关责任人需在检查验收记录表上签字。

（4）验收合格后，报建设工程质量安全监督部门备案并交付使用。

三、安装后的检查验收项目与内容

1. 基础检查验收

（1）检查基础是否按照专项施工方案及使用手册要求进行处理。

（2）检查底座是否按使用手册要求正确安装，可调支腿是否按要求展开，展开长度是否合理。

（3）采用扭力扳手抽检关键部位连接螺栓（抽检数量应不小于 2%）。

（4）查验基础定期检查记录。

2. 驱动单元检查验收

（1）驱动单元能否正常运行，电动机、制动器、齿轮、齿条、导向轮等运动部件有无异响，上升、下降速度是否正常。

（2）制动器是否灵敏有效，驱动单元停车时有无下滑，手动滑降装置能否正常使用，单个电动机能否将驱动单元制停牢靠。

（3）检查减速机有无明显漏油现象。

（4）检查齿轮齿条有无纹裂、超限磨损、明显变形，有无砂砾、杂物等。

（5）检查齿轮与齿条啮合间隙是否符合要求，在上升、下降过程中有无错齿现象。

3. 导轨架和附墙架的检查验收

（1）检查导轨架和附墙架的连接件是否安装正确，连接螺栓是否拧紧。采用扭力扳手抽检关键部位连接螺栓（抽检数量应不小于 2%）。

（2）采用钢板尺配合厚薄规检查标准节对接处的立柱及齿条对接精度应符合标准规定。

（3）采用经纬仪从两个垂直方向检查导轨架的垂直度应符合标准规定。

（4）若附墙座与结构采取焊接连接，检查焊接是否牢固可靠。

（5）采用水平倾斜仪检测附墙架水平夹角应不大于 8°。

（6）检查附墙架的安装是否符合要求，第一道附墙装置距离地面高度、每道附墙架之间的间距、自由端悬挑极限尺寸应符合使用手册规定。

4. 驱动单元的检查验收

（1）观察关键部位安装情况。

（2）采用扭力扳手抽检关键部位连接螺栓（抽检数量应不小

于 2%）。

（3）采用钢板尺、游标卡尺和铅条（或铅制保险丝）检查齿轮与齿条的啮合间隙。

（4）检查各导轮、靠背轮的调整间隙是否符合规定。

（5）检查各齿轮与齿条的啮合间隙是否符合规定。

（6）分别进行空载试验、额定载荷试验和超载试验，检查平台制动时，有无瞬时滑移现象；启动、制动是否正常；运行是否平稳；有无异常声响；减速器温升和噪声是否符合标准规定。

（7）采用秒表和皮尺检测平台运行速度。

5. 电气系统的检查验收

（1）采用接地电阻测试仪测量金属结构及电气设备金属外壳的接地电阻。

（2）采用兆欧表检测绝缘电阻。

（3）检查相序保护继电器、热保护继电器、漏电保护器的工作情况。

（4）检查各接触器吸合情况。

（5）检查各导线接头情况。

（6）检查电控箱是否设有防雨措施。

（7）检查电控系统是否符合临时用电规范要求。

（8）检查电缆线有无破损、电控箱电器元件是否完好。

（9）检查电气系统各种安全保护电器是否齐全、可靠。

6. 安全防护装置的检查验收

（1）采用砝码或标定重量的配重检查超载 / 超力矩保护装置。

（2）采用拉力计检测手动滑降装置的手动操作力。

（3）采用倾角检测仪检测自动调平装置。

（4）查验防坠安全器的有效标定期。

（5）查验上、下行程限位开关、极限限位开关的灵敏可靠性。

（6）查验顶端专用标准节是否安装，上行限位块的固定是否牢固可靠。

（7）平台入口门连锁开关是否灵敏可靠。

7. 安装质量检查验收表格

见表 4-5。

施工升降平台检查验收表　　　　表 4-5

工程名称		结构形式	
使用单位		生产单位	
验收部位		验收日期	

检查项目	序号	检查内容与具体要求	检查结果
技术资料	1	专项施工方案经过审批合格	
	2	制造单位安全生产资质、营业执照齐全	
	3	产品出厂合格证齐全	
	4	产品标牌内容齐全（产品名称、主要技术性能参数、制造日期、出厂编号、制造厂名称）	
金属结构	5	底座是否按使用手册的规定安装，安装完毕后测量是否有位移和下沉	
	6	作业平台安装长度、导轨架搭设高度是否符合图纸要求或使用手册的规定	
	7	作业平台的主构件有无超标变形，架体搭设有无明显变形	
	8	导轨架有无明显变形，垂直度是否符合标准规定	
	9	连接螺栓和紧固螺栓有无松动或缺损，检查金属结构件的连接件是否牢固、可靠、螺栓头部露出长度	
安全装置	10	上、下限位装置，入口门连锁装置，底部缓冲装置，自动调平装置是否灵敏可靠	
	11	电控箱、相序保护器、热保护继电器是否正常工作，接头有无破损、虚接等	
	12	双导架平台自动调平装置是否工作正常	
	13	手动下降装置是否灵敏有效	
	14	平台周边护栏防护是否到位，安全操作规程、载荷标识牌等是否悬挂	
	15	电机制动部分及防坠装置是否工作正常	

续表

检查项目	序号	检查内容与具体要求	检查结果
齿轮齿条	16	齿轮、齿条有无裂纹、磨损、变形等影响正常工作的隐患	
	17	齿轮齿条啮合是否紧密，在上升下降过程中有无错齿现象	
	18	齿轮、齿条等传动部分润滑是否良好	
附墙架	19	附墙架的零部件安装是否符合要求，扣件连接螺栓是否拧紧	
	20	测量附墙装置倾斜角度应符合规定	
	21	附墙位置及间距是否与图纸规定或使用手册的规定相符	
	22	膨胀螺栓是否拧紧	
电气系统	23	控制箱是否有防雨措施	
	24	开关箱及漏电保护器的设置是否规范	
	25	控制箱外壳的绝缘电阻不小于 0.5MΩ	
	26	电源供电是否三相五线制，有无接地和接零保护	
	27	电缆是否固定可靠，电缆线是否与电缆桶垂直对正	
	28	电线电缆有无破损	
	29	各限位开关一旦启动，应有效切断控制电源	
空载试验	30	应全行程进行不少于 3 个工作循环的空载试验，每一工作循环的升、降过程中应进行不少于两次的制动，其中在半行程应至少进行一次上升和下降的制动试验，观察有无制动瞬时滑移现象	
载荷试验	31	工作平台做全行程连续运行 30min 的试验，每一次循环的升、降过程应进行不少于一次制动	
验收结论			
验收人签字	生产单位	使用单位	监理单位

符合要求，同意使用（　　）

不符合要求，不同意使用（　　）

总监理工程师（签字）：

年　　月　　日

说明：本验收表一式三份，生产单位、使用单位，监理单位各一份。

第五节　拆卸作业的基本程序

一、拆卸作业基本原则

1. 后装先拆原则

拆卸过程与安装过程正好相反，应遵循后装的零部件先行拆卸的原则。

2. 只下不上原则

因为拆除导轨架时，上限位装置随着顶部标准节的拆除而失去防冲顶保护作用，所以必须遵守在拆卸过程中作业平台只能下降不能上升的原则。

二、拆卸作业基本程序

（1）拆卸上行程限位和上极限限位碰块。

（2）拆卸导轨架及附墙架

1）如果工地有塔式起重机配合，则用塔式起重机将顶部标准节吊住，按每 6 节标准节为一体进行拆卸，逐段拆卸导轨架及附墙架。

2）如果工地无塔式起重机配合，则先将电动吊杆安装在作业平台上，然后逐节松开且拆卸标准节连接螺栓；用电动吊杆从导轨架顶部将标准节逐节拆下，直至最上一道附墙架为止；将拆下的标准节用作业平台运至底层，再用吊杆吊运至地面。

3）拆卸最上一道附墙架，并运至地面。

4）重复上述步骤，依次将其余标准节（最底部 2 节除外）和附墙架拆下，并运至地面。

（3）拆卸电源电缆及电控箱的连接线，进行妥善保存。

（4）由外向内逐节对称拆卸平台节，拆至只剩底架、2 节标准节和驱动单元。

（5）将所有部件进行分类、清点、整理，准备入库或转运至下一安装现场。

三、拆卸作业操作要领

（1）拆卸平台前，需检查所有的连接螺栓、附墙装置是否牢固，各安全保护装置是否可靠，尤其要保证限位装置起作用。

（2）为防止在拆卸过程中发生意外，拆卸前需重点检查防坠安全装置和附墙装置的可靠性。

（3）在拆卸过程中，无关人员不得停留在架体上，架体上的垃圾杂物必须及时清理干净。

（4）拆除附墙装置时，要缓慢松开连接螺栓，防止附墙架突然松开，造成导轨架剧烈晃动。

（5）在拆除双导轨架平台的作业平台标准节时，一定要确保驱动单元连接销或螺栓齐全可靠，且根据作业平台的长度设置多个临时支撑点，以确保机架整体稳定。

（6）拆卸过程中应建立严格检查制度，在班前班后或大风暴雨等恶劣天气之后，均应有专人进行检查。

（7）拆卸过程中，应经常对连接件、附墙装置进行检查，如有锈蚀严重、焊缝开裂、连接螺栓松开等情况，应及时作出处理。

（8）严禁任意拆除和损坏平台结构或防护设施。

（9）拆除的构件可以放置在平台上运至地面，但是拆除构件总载荷不应大于平台额定载荷的二分之一。

第六节　安装与拆卸作业的安全技术规定

一、安装拆卸作业的安全技术措施

（1）安装前应按照机位布置图，对现场基座位置进行放线，确定底座正确位置。检查底座位置处基础，应按设计要求进行处理，对于不符合安装要求的及时整改，符合安装要求后方可进行安装。

（2）在安装过程中，如出现施工现场与专项施工方案不符，需要进行方案变更时，应按照程序重新进行审核与报批。

（3）在安装前检查各构件有无裂纹或开焊现象，应及时维修或更换，防止把不符合要求的构件安装在平台上。

（4）各导轨架标准节之间的定位销及连接螺栓均应保持对正，不得扩孔安装，更不得使用直径较小螺栓代替。

（5）在安装连接件时，应按规定使用防松元件，不得漏装或用其他物件替代。

（6）螺栓应按规定力矩拧紧；对有预应力要求的连接螺栓，应使用扭力扳手或专用工具；对螺栓组，应按规定的顺序将螺栓准确地紧固到规定的扭矩值。

（7）双导轨架平台应保证两驱动单元的作业平台保持在一条直线上，避免作业平台承受附加扭转力或横向拉力。

（8）如设置了延伸平台，则其伸缩杆应能自由伸缩，如有卡顿现象应及时处理或更换，避免在使用过程中伸缩杆被卡死，影响正常升降。

（9）延伸平台外伸尺寸确定之后，应将其伸缩杆进行锁止，防止在使用过程意外伸出或缩进引发事故。

（10）作业平台在运行过程中应无异响，如有异响应及时查明原因，进行维修或更换，严禁带病作业。

（11）电控系统的安装必须由持证电工进行操作。电源接线的接地、接零及漏电保护需灵敏可靠，且符合相关规范要求。

二、安装拆卸作业的安全操作规程

（1）安装拆卸作业人员应经过培训合格，方可进行安装拆卸作业。

（2）安装拆卸作业人员应戴安全帽、使用安全带、穿防滑鞋。

（3）酒后、过度疲劳、服用不适应高处作业药物或情绪异常者不得参与安装拆卸作业。

（4）施工作业前，场地应清理干净，并用标志杆或警戒线进行隔离，禁止非工作人员进入安装拆卸现场，防止上方落物伤人。

（5）当风速超过 13m/s（相当于六级风力）、雷雨天或雪天等恶劣天气不得进行安装拆卸作业。

（6）严禁夜间进行安装拆卸作业。

（7）在安装拆卸过程中，平台上的作业人员、待装零部构件和工具物料的总重量不得超过使用手册规定的额定安装载重量；如使用手册未对额定安装载重量做出规定的，总载荷不得超过1/2 额定载荷。

（8）安装拆卸作业人员需要配备工具袋，注意管控好小型工具，使用完毕随手放入工具袋，防止掉落。

（9）在安装拆卸过程中，对小件物品如螺栓、销轴等，要有专用收纳器具，不得随意放置在平台上，防止高空坠落伤人。

（10）不得以投掷的方式传递工具或器材，禁止在高空抛掷任何物件。

（11）避免立体交叉作业。

（12）在建 / 构筑物结构上进行安装作业时，作业人员应与建 / 构筑结构边缘保持安全距离；在狭小场地作业时，作业人员和设备均应采取有效的防坠落措施。

（13）利用吊杆进行拆卸时，不允许超载。

（14）吊杆只能用来安装拆卸升降平台的零部件，不得用于其他起重用途。

（15）吊杆下严禁站人。

（16）吊杆上有悬吊物时，不得开动作业平台。

（17）作业过程中严禁非工作人员操作升降平台。

（18）在作业平台起动前，应先进行全面检查，消除所有安全隐患。

（19）在作业平台升降时，严禁任何人员进入平台下方区域。

（20）在作业平台运行时，人员的头部及肢体以及所载物料绝对不能露出护栏之外。

（21）有人在导轨架上或附墙架上工作时，禁止开动作业平台。

（22）作业平台上放置的零部构件、工具和物料应均匀、稳定，不得超出平台护栏。

（23）延伸平台只准承载作业人员，不得堆放零部构件及物料。

（24）导轨架上的垃圾杂物应及时清理干净。

（25）无关人员不得停留在导轨架上。

（26）拆卸前，应确保防坠安全器处于完好有效状态。

（27）在发生故障或危及安全的情况时，应立即停止作业，采取必要的安全防护措施，设置警示标志，并报告技术负责人。在故障或险情未排除之前，不得继续作业。

（28）遇到意外情况立即停止作业时，应使已安装的部件达到稳定状态并固定牢靠，经确认安全后方能停止作业。

（29）作业人员在下班离岗前，应对作业现场采取必要的保护措施，并设置明显的警示标志。

（30）安装完毕后，应及时拆除为安装作业而设置的所有临时设施，清理施工场地上作业时使用的索具、工具、辅助用具、各种零配件和杂物等。

第五章　施工升降平台的安全操作

第一节　施工升降平台的操作规程

一、操作前的准备工作

（1）首次使用施工升降平台前，应认真做好安全技术交底，熟悉作业内容、操作要领和安全操作规程，并办理书面签字手续。

（2）明确管理人员、统一指挥，明确分工、责任落实到人。

（3）登上平台前，应戴好安全帽，穿紧身工作服，穿防滑鞋。

（4）每班使用设备前，应查验施工区域地面所设警戒线，严禁人员进入警戒区域。

（5）登上平台后，首先关严且锁上平台入口门，系好安全带。

（6）认真阅读上一班的运行记录，了解上一班的作业情况和设备状况；确认有无交办事项及设备遗留问题。

（7）进行日常检查，重点检查所有的安全装置和电控系统是否正常，发现问题及时解决或报告。

（8）每班操作前，首先进行空载运行，检查制动可靠性，检查双导轨架平台的自动调平装置是否灵敏有效，经确认正常后方可使用。

（9）确认在作业平台运行范围内无任何障碍物。

（10）在环境温度较低时，平台运行阻力较大，应空载上下运行数次，使减速器油温趋于正常后，再正式负载运行。

二、设备使用安全操作规程

（1）操作人员必须年满 18 周岁，具有初中（含）以上文化程度。

（2）操作人员必须身体健康，无不适合高处作业的心脏病、高血压、恐高症、癫痫等疾病。

（3）操作人员必须经过专业安全技术培训，经考核合格取得“培训合格证”后方能上岗作业。

（4）禁止操作人员酒后或过度疲劳时操作。

（5）当设备顶部风力大于六级时，升降平台不得运行；在运行中，遇到雨、雪、大雾、沙尘暴及风力大于六级等恶劣天气时，应该立即停止作业，并且应将作业平台停放在最底层，拉闸断电，锁好电控箱。

（6）应从地面通过登机梯进出作业平台，禁止攀爬护栏进出平台。

（7）严格按照平台规定的载人数量和载物重量使用，严禁超员或超载运行。

（8）乘人载物应均匀分布，避免偏载运行。

（9）严禁将施工升降平台作为载人或载货的电梯使用。

（10）避免长期满载或频繁起动升降平台。

（11）装载时，严禁物品伸到作业平台以外，避免运行中发生危险。

（12）严禁装载易燃、易爆物品。

（13）在操控平台升降前，必须认真观察平台运行前方，在确认无任何障碍物后，方可启动设备运行。

（14）在操控平台运行前，必须鸣铃示警。

（15）在平台运行中，操控人员必须精神集中，注意监测设备运行状况、有无异响；观察运行通道有无障碍物等异常情况。

（16）平台操控人员不得离开操作范围，禁止做有碍平台运行的动作。

（17）作业人员不得在平台上做与工作无关的事情，严禁嬉戏打闹。

（18）严禁在作业平台上使用梯子或凳子等垫脚物增加作业

高度进行作业。

（19）正常运行时，严禁使用制动器的手动释放装置使作业平台滑降；严禁使用行程限位装置操作平台停止运行。

（20）在平台运行中发现设备异常情况，应及时停机检查处理，严禁设备带故障运行。

（21）设备进行维护保养时，需将作业平台降至地面最低位置。

（22）下班后应作好运行记录，清理检查设备，关闭电源开关，锁好电控箱，方可离开。

第二节　施工升降平台的基本操作方法

一、单导轨架平台操作方法

（1）检查并且确认锁定销轴已经插入驱动单元平衡座的中心孔内，且锁定螺母已紧固（图 5-1），使套装在驱动单元平衡座内的平衡臂不能左右水平移动，以保证铰接在驱动单元左右两侧的作业平台保持结构稳定。

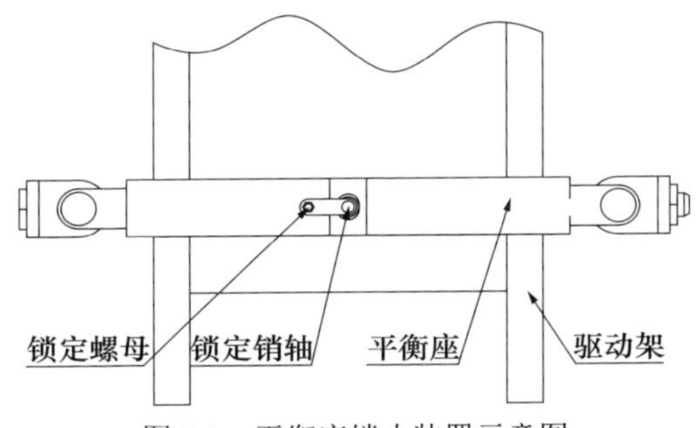

图 5-1　平衡座锁止装置示意图

（2）登上作业平台后，关闭平台入口门；按顺序将电动机插头、手持按钮盒插头，限位开关插头、单机专用插头和电源插头插入电控箱底部的相应插座内，并且旋紧锁母。

（3）闭合电控箱的漏电保护开关，使 36V 控制回路得电。

（4）按下电控箱门上的启动按钮，使主接触器吸合，接通主回路电源，绿色电源指示灯亮。

（5）作业平台上升操作：按下电控箱门或手持按钮盒上的上升按钮，电动机上升接触器吸合，并控制制动接触器吸合，通过整流回路向制动线圈提供195V直流电源，使电动机松闸，并且正向旋转，带动作业平台上升。当作业平台上升到指定高度时，释放上升按钮，则上升回路失电，使电动机停止转动，同时制动器制动，使作业平台停止在所需位置。

（6）作业平台下降操作：按下电控箱门或手持按钮盒上的下降按钮，电动机下降接触器吸合，并控制制动接触器吸合，通过整流回路向制动线圈提供195V直流电源，使电动机松闸，并且反向旋转，带动作业平台下降。当作业平台下降到指定楼层时，将下降按钮释放，则下降回路失电，使电动机停止转动，同时制动器制动，使作业平台停止在所需位置。

二、双导轨架平台操作方法

（1）检查并且确认平衡装置锁定销轴已经拔出，使平衡臂可以水平自由移动，用于调节和补偿因中间作业平台倾斜所引起的结构几何尺寸的位移。

（2）登上作业平台后，关闭两处平台入口门；按顺序将两个电控箱的电动机插头，手持按钮盒插头，限位开关插头、联机专用线插头和电源插头插入电控箱底部的相应插座内，并且旋紧锁母。

（3）分别闭合两电控箱的漏电保护开关，使36V控制回路得电。

（4）分别按下两电控箱门上的启动按钮，使两处主接触器吸合，接通主回路电源，则两处绿色电源指示灯亮。

（5）作业平台上升操作：按下任一电控箱门或手持按钮盒上的上升按钮，两处电动机上升接触器同时吸合，并控制两处制动接触器吸合，通过整流回路向制动线圈提供195V直流电源，使电动机松闸，并且正向旋转，带动作业平台同步上升。当作业平台上升到指定高度时，将上升按钮释放，则两处上升接触器同时失电，使电动机停止转动，同时制动器制动，使作业平台停止在所需位置。

（6）作业平台下降操作：按下任一电控箱门或手持按钮盒上的下降按钮，两处电动机下降接触器同时吸合，并控制两处制动接触器吸合，通过整流回路向制动线圈提供 195V 直流电源，使电动机松闸，并且反向旋转，带动作业平台同步下降。当作业平台下降到指定高度时，将下降按钮放开，则两处下降接触器同时失电，使电动机停止转动，同时制动器制动，使作业平台停止在所需位置。

三、急停操作方法

在各电控箱门和各手持按钮盒上分别设有非自动复位的红色急停开关，遇到紧急情况时，按下任一急停按钮，均可切断两套总控制电源，停止作业平台运行。

四、双导轨架平台自动调平操作

1. 双导轨架平台自动调平装置的结构及原理

（1）双导轨架平台自动调节补偿机构（图 5-2、图 5-3），由套装在驱动单元平衡座内的平衡连杆两端，分别铰接左右两侧作业平台的下铰点。

（2）当两组驱动装置之间存在速度差而不同步时，会造成两导轨架之间的中间作业平台发生倾斜。

（3）若无平衡连杆水平移动，则中间平台的结构几何尺寸将由矩形变形为平行四边形，那么这种结构变形将产生

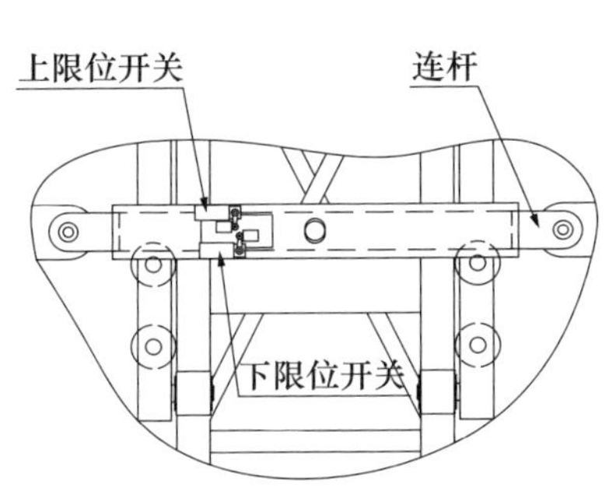

图 5-2　自动调平机构示意图

极大的内力，严重时会导致平台结构破坏。

（4）连杆在平衡座内的水平移动则有效调节和补偿因中间平台倾斜所引起的其结构几何尺寸的位移。

（5）如图 5-2 所示，连杆向右运动，碰断上行限位开关；连杆向左运动，碰断下行限位开关。通过上行和下行限位开关交替组合动作，即可实现双导轨架平台的自动调平功能。

2. 双导轨架平台处于水平状态的工况

如图 5-3 所示，此时，中间平台处于水平状态。

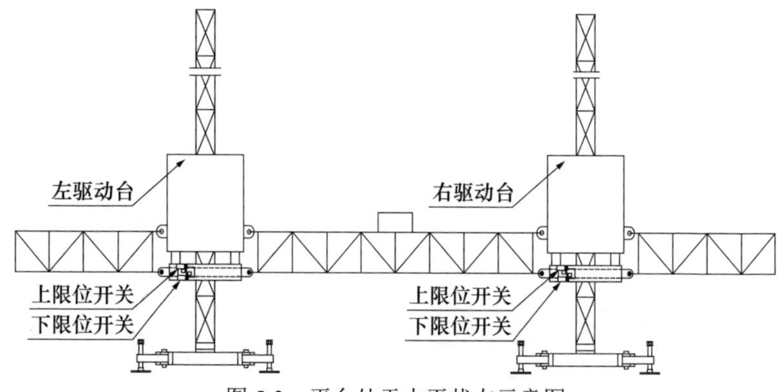

图 5-3　平台处于水平状态示意图

3. 双导轨架平台同步上升，发生左低右高的工况

当左右驱动单元上升速度不一致，且作业平台发生左低右高的倾斜时，如图 5-4 所示，中间平台带动两处平衡连杆同时向右移动。当倾斜达到设定角度时，位于右侧连杆上的限位块触碰右驱动单元上行限位开关，自动调平控制系统即刻切断右驱动单元的上升控制回路。此时，左驱动单元仍在上升，直至作业平台恢复水平时，连杆向左移动，使右驱动单元上行限位开关复位，则接通右驱动单元的上升控制回路，使其继续与左驱动单元同步上升，实现作业平台自动调平。

4. 双导轨架平台同步上升，发生左高右低的工况

当作业平台上升过程发生左高右低的倾斜时，如图 5-5 所示，则中间平台带动连杆向左移动。

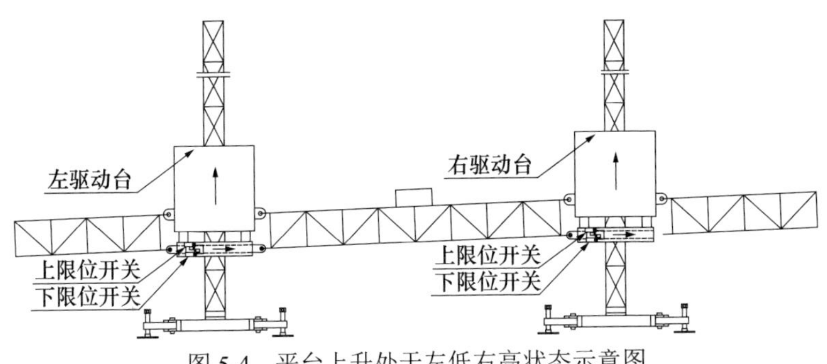

图 5-4　平台上升处于左低右高状态示意图

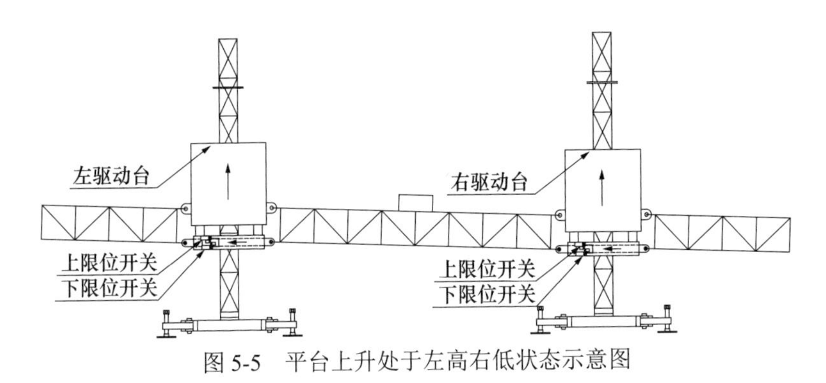

图 5-5　平台上升处于左高右低状态示意图

当倾斜达到设定角度时，位于左侧连杆上的限位块触碰左驱动单元上行限位开关，自动调平控制系统即刻切断左驱动单元的上升控制回路。此时，右驱动单元仍在上升，直至作业平台恢复水平时，连杆向右移动，使左驱动单元下行限位开关复位，则接通左驱动单元的上升控制回路，使其继续与右驱动单元同步上升，实现作业平台自动调平。

5. 双导轨架平台同步下降，发生左低右高的工况

当作业平台下降过程发生左低右高的倾斜时，如图 5-6 所示，则中间平台带动连杆向右移动，当倾斜达到设定角度时，位于左侧连杆上的限位块触碰左驱动单元下行限位开关，自动调平控制系统即刻切断左驱动单元的下降控制回路。此时，右驱动单元仍在下降，直至作业平台恢复水平时，连杆向左移动，使左驱动单元上行程限位开关复位，则接通左驱动单元的下降控制回路，使其继续与右驱动单元同步下降，实现作业平台自动调平。

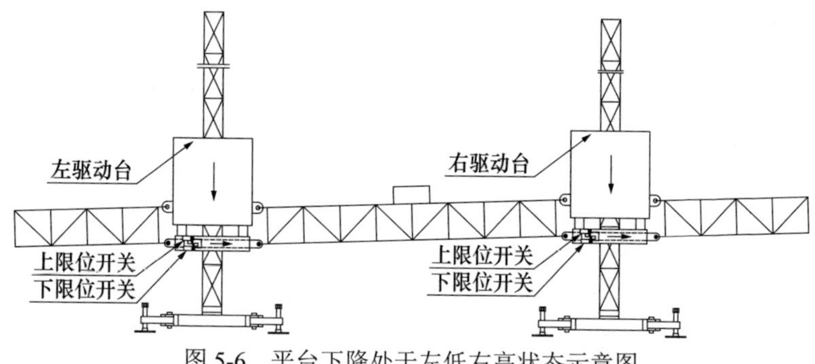

图 5-6　平台下降处于左低右高状态示意图

6. 双导轨架平台同步下降，发生左高右低的工况

当作业平台下降过程发生左高右低的倾斜时，如图 5-7 所示，则中间平台带动连杆向左移动，当倾斜达到设定角度时，位于右侧连杆上的限位块触碰右驱动单元下行限位开关，自动调平控制系统即刻切断右驱动单元的下降控制回路。此时，左驱动单元仍在下降，直至作业平台恢复水平时，连杆向右移动，使右驱动单元下行限位开关复位，则接通右驱动单元的下降控制回路，使其继续与左驱动单元同步下降，实现作业平台自动调平。

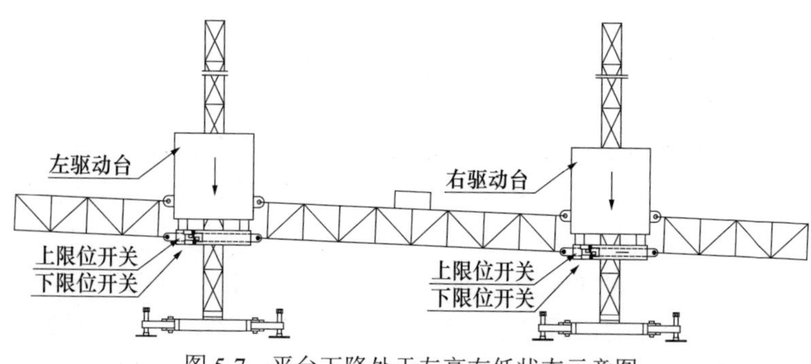

图 5-7　平台下降处于左高右低状态示意图

第六章　施工升降平台维护、保养与修理

第一节　施工升降平台维护保养

一、日常维护保养

日常维护保养对延长设备使用寿命至关重要。日常保养的基本方法概括为“十字作业法”，即：润滑、紧固、调整、清洁、防腐。日常维护保养应由施工班组每班进行一次。

1. 日常维护保养的内容

（1）班前应检查平台基础沉降、变形状况。

（2）班前应检查防护栏和平台入口门是否牢固，有无缺失现象，如果有应立即修补好。

（3）班前应对防坠安全器等安全装置进行全面检查，及时清理安全装置及周边的垃圾与杂物，发现问题应及时解决，确认灵敏可靠后方可投入使用。

（4）班前应对连接螺栓、销轴、焊缝等进行检查。

（5）班前检查驱动齿轮与齿条之间有无垃圾或杂物，并及时清理；检查齿轮有无磨损严重或缺齿现象，定期加注润滑脂。

（6）班前检查导轮与立柱之间有无杂物、缺失或过度磨损情况，定期加注润滑脂。

（7）班前应检查电缆线、限位开关、护栏、附墙装置的状态。

（8）班前检查电控系统是否完好，如有故障应及时修理或更换。

（9）每班作业完成后，应对防坠安全器等安全装置、架体构件进行常规检查。

（10）班后及时清理、清洁平台各部。锁好电控箱及平台入

口门，拉闸断电，锁好电控箱门后方可离开。

2. 日常维护保养的注意事项

（1）施工作业平台的维护保养，必须按照制度严格执行。

（2）维护保养时，应将作业平台下降至最低位置进行。

（3）在维护保养过程中，应看管好各种工具，防止掉落伤人。

（4）发现机件损坏或有缺陷，应将平台下降至最低位置进行修理或更换，严禁设备带故障作业。

（5）维护保养人员应该经过专业培训，并且不得随意更换。

（6）每次维护保养应尽量使用同一种类型的润滑剂。

（7）大风、暴雨等恶劣天气过后，应对施工升降平台进行一次全面检查，确认各构件无损坏变形，安全装置灵敏可靠后，方可继续使用。

二、定期维护保养

进行日常维护保养之外，还应进行定期维护保养。定期维护保养的周期及内容按表 6-1 规定进行。

施工升降平台定期维护保养的周期及内容表　　表 6-1

维保周期	部　件	维　保　内　容
累计工作 100h 或每月至少 1 次	防坠安全器	检查有无异常响声，或异常高温
	减速器	检查有无异常响声，或异常高温；检查油位，观察有无渗漏，必要时更换油封
	电动机制动器	测量固定盘与旋转盘之间的间隙，应为 0.5mm；磨损严重的更换制动盘，应保证作业平台满载下降时，制动距离不超过 0.35m
	导轮及靠背轮	检查螺栓紧固情况，必要时进行紧固
	驱动单元	检查所有螺栓紧固情况，保证无松动
	齿轮与齿条	检查啮合间隙及错位；必要时进行调整
	电气系统	检查各接线柱连接有无松脱及接触器触点烧蚀情况
	电缆	检查电缆外皮有无破损或局部严重变形
	标牌	保证所有标牌清晰、完整

续表

维保周期	部　件	维　保　内　容
累计工作200h或每年至少6次	标准节连接螺栓	检查有无松动现象，及时紧固
	附墙架连接螺栓	检查有无松动现象，及时紧固
	限位、极限开关及其碰块	检查开关动作是否灵活，各碰块是否移动位置
	电源电缆	检查电缆橡胶外皮磨损情况；必要时更换
	齿轮与齿条	按“磨损和调整极限”检查磨损量；必要时更换
	导轮及靠背轮	检查运行间隙，必要时进行调整
	电动机	按电动机使用手册的要求进行维护保养
	导轮靠背轮	检查导轮磨损是否超限
累计工作1000h或每年至少1次	联轴节弹性块	检查弹性块挤压及磨损情况；必要时更换
	减速器	拆检齿轮及轴承；磨损超限更换
	结构件	检查整个设备的结构件，对于易腐蚀的部位，必须采取相应的保护措施；对腐蚀或磨损超限的零部件，予以更换

三、运动部件的润滑

1. 首次润滑

施工升降平台出厂后磨合运行满40h，必须进行首次全面润滑。首次润滑必须更换减速器润滑油。换油前，对减速器内部进行彻底清洁，对于延长减速机使用寿命至关重要。

2. 定期润滑

整机定期润滑要求参照表6-2进行：

施工升降平台润滑一览表　　表6-2

时间间隔	润滑部位	润滑剂	润滑量	说明
工作40h或至少每月1次	减速器	N320润滑油	补充油位	检查油位
	齿轮与齿条	2号钙基润滑脂	均匀适量	清除污垢后加注
	防坠安全器	2号钙基润滑脂	挤出污油	油枪加注

续表

时间间隔	润滑部位	润滑剂	润滑量	说明
工作 200h 或至少一年 6 次	导轮	2 号钙基润滑脂	挤出污油	油枪加注
	靠背轮	2 号钙基润滑脂	挤出污油	油枪加注
	导轨架立管	2 号钙基润滑脂	均匀适量	涂刷
工作 400h 或至少一年 4 次	电箱门铰链	20 号齿轮油	均匀适量	滴注
	电机制动器锥套	20 号齿轮油	均匀适量	滴注，切勿滴到摩擦盘上
工作 1000h 或至少一年 1 次	减速器	N320 润滑油	4.7L	清洗、换油

说明：减速器、防坠安全器及电机制动器的润滑，按相应部件使用手册进行。

第二节　施工升降平台主要部件的调整方法

一、导轮调整方法

1. 侧向导轮的调整

应成对调整导轨架立柱两侧的侧向导轮。参见图 6-1，转动偏心轴使侧向导轮与导轨架立柱的单侧间隙为 0.5 ～ 0.75 mm（两侧间隙之和不大于 1.5 mm），调整后用螺栓将轴端定位板紧固。

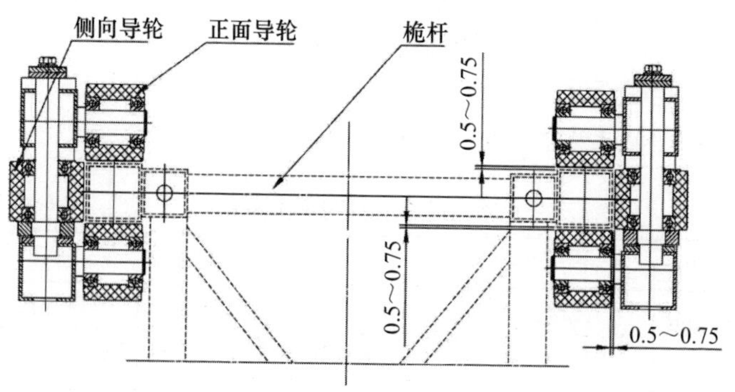

图 6-1　导轮间隙调整示意图

2. 正面导轮的调整

应成对调整导轨架立柱两侧的正面导轮。参照图 6-1，转动偏心轴使正面导轮与导轨架立柱的单侧间隙为 0.5 ～ 0.75mm（两侧间隙之和不大于 1.5mm），调整后用螺栓将轴端定位板紧固。

3. 调整结果

调整结果应使上下导轮均匀受力，使减速器齿轮和防坠安全器齿轮与齿条啮合沿齿宽方向不小于 90%。

二、靠背轮调整方法

1. 靠背轮的安装位置

如图 6-2 所示，靠背轮安装于齿条背面，固定在驱动板上，用于平衡驱动齿轮与齿条啮合所产生径向力。

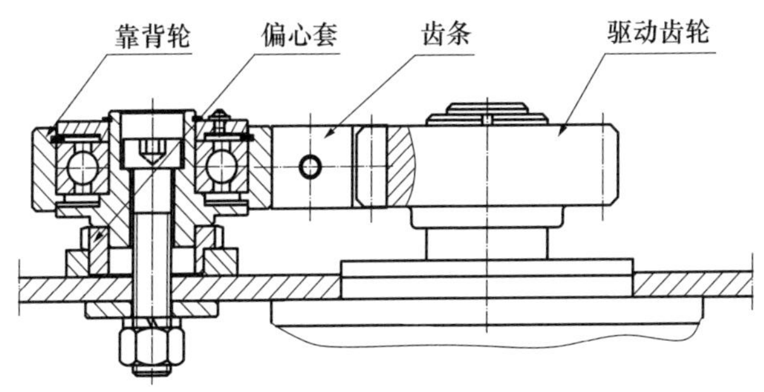

图 6-2　靠背轮调整示意图

2. 使靠背轮处于松弛状态

在驱动板背后的安全钩板和齿条背之间，楔入螺丝刀，使靠背轮与齿条背面产生间隙，处于松弛状态。

3. 调整间隙

松开紧固靠背轮的紧固螺栓，转动偏心套，调整间隙，使驱动齿轮与齿条的啮合侧隙为 0.2 ～ 0.5mm，接触长度，沿齿高不应小于 40%。

4. 紧固靠背轮

调整后用螺栓将轴端定位板紧固。

三、制动器的磨损极限及调整方法

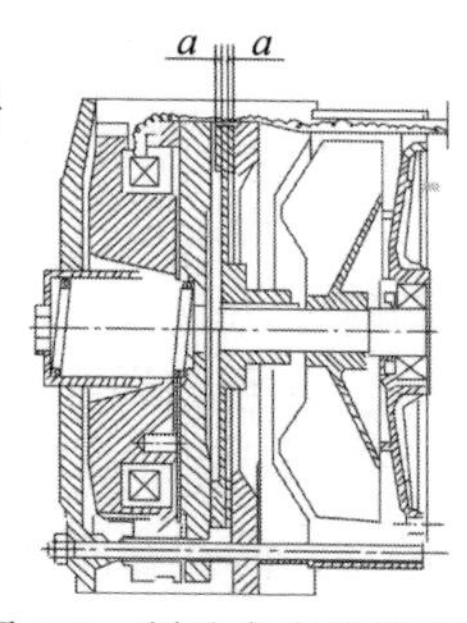

图 6-3　制动盘磨损极限图

a—摩擦材料单面磨损厚度

1. 电动机制动盘的磨损极限

测量方法：用塞尺（厚薄规）测量制动器的间隙应在 0.5 ～ 0.8mm。

当制动盘的摩擦材料单面磨损厚度接近 a = 1mm 时，应更换制动盘（图 6-3）。

2. 制动器的调整

标准规定当作业平台满载下降时，制动距离不应超过 100mm；若超过则电机制动力矩不足，应调整电机尾部的制动弹簧。

四、自动调平装置纵向倾斜角度调整方法

1. 平台纵向倾斜角度的调整方法

如图 6-4 所示，将下行限位开关的摆臂滚轮向右移动；将上行限位开关的摆臂滚轮向左移动；总之使摆臂滚轮与固定在连杆上的碰块越靠近，则作业平台运行时的纵向倾斜角度越小；反之，则作业平台运行时的纵向倾斜角度越大。

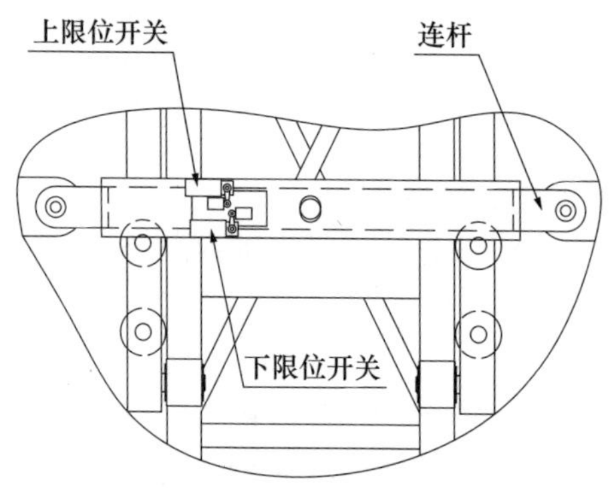

图 6-4　自动调平装置调整示意图

2. 平台纵向倾斜角度调整标准

标准规定：双导轨架平台同步运行的纵向倾斜角度不应大于

±2°。作业平台运行时的纵向倾斜角度应调整至 1.5°±0.5° 范围内。

五、作业平台力矩限制器调整方法

1. 单导轨架平台力矩限制器的调整

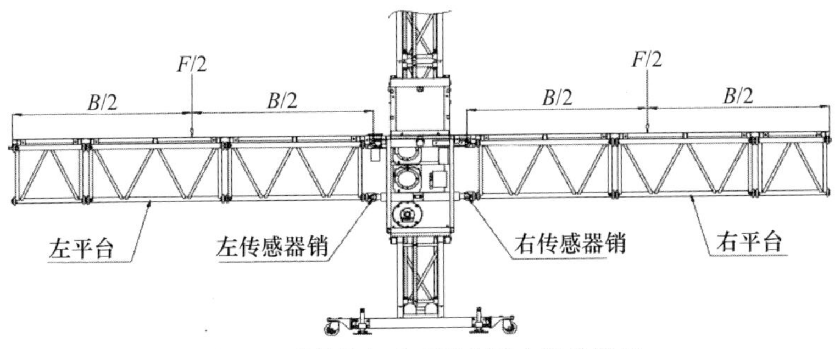

图 6-5　单导轨架力矩限制器安装位置图

（1）力矩限制器的基本工作原理

仅以采用 LD-IS 起重量限制器实现力矩限制的方式为例进行讲解。如图 6-5 所示，安装在作业平台与驱动单元连接下铰点处的传感器，是受剪销式传感器。当作业平台受到向下重力时，即对平台铰接处产生力矩。此时，铰接处的上铰点产生向外的水平力，下铰点产生向内的水平力。安装在下铰点处的销式传感器受到水平剪力的作用，发出电信号到中央处理器，当载荷达到预设数值时，将自动切断平台上升控制回路，使平台无法上升。当卸除超限的载荷后，又自动接通控制回路，使平台运行恢复正常。

（2）力矩限制器的调整方法

1）分别在左、右平台空载（不加载荷）状态下，按《LD-IS 起重量限制器用户手册》规定的方法进行"空载学习"。

2）分别在左、右平台 $B/2$（B 为左、右平台长度）处加载 $F/2$（F 为额定载重量）状态下，按《LD-IS 起重量限制器用户手册》规定的方法进行"额定载荷学习"。

3）按《LD-IS 起重量限制器用户手册》规定的方法，依次“设定传感器数量”为“1”，“设定额载”为“$F/2$”，“设定回差”为“20”，“设定超载”为“105% $F/2$”，“设定延时”为“2”。

2. 双导轨架平台力矩限制器的调整

（1）双导轨架平台力矩限制器的安装位置如图 6-6 所示。

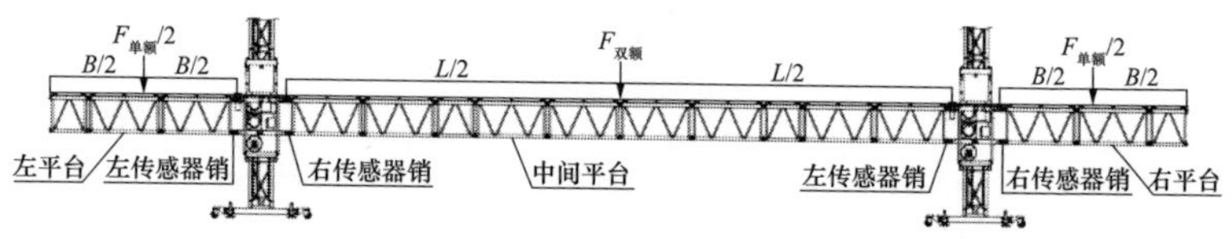

图 6-6　双导轨架平台力矩限制器安装位置图

（2）保持单导轨架平台力矩限制器的调整结果，不再另行调整。

（3）在左、右平台 $B/2$（B 为左、右平台长度）处加载 $F_{单额}/2$，$F_{单额}$为单导轨架额定载重量，在中间平台 $L/2$（L 为中间平台长度）处加载为 $F_{双额}$，$F_{双额}$为双导轨架额载与单导轨架额载之差。

第三节　施工升降平台主要部件的磨损极限

一、驱动齿轮和防坠安全器齿轮的磨损极限

1. 测量方法

按图 6-7，用公法线千分尺或游标卡尺，跨测 2 齿，测量公法线长度 L。

2. 磨损极限

磨损极限值按表 6-3 规定。

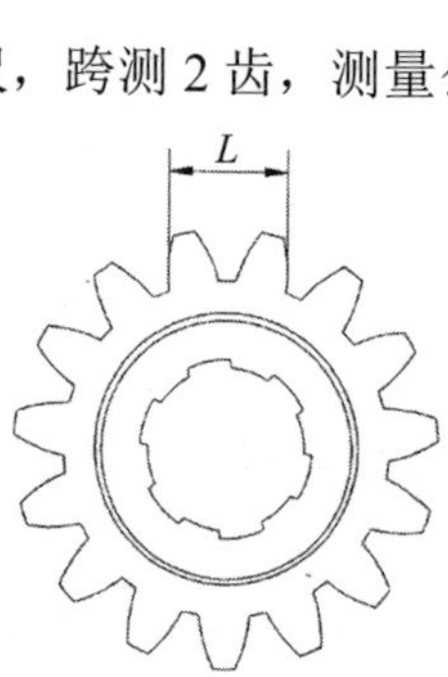

驱动齿轮与安全器齿轮磨损极限表　表 6-3

新齿轮公法线长度 L	37.1mm
磨损极限公法线长度 L	最小尺寸 35.8mm

图 6-7　齿轮公法线长度图

二、齿条的磨损极限

1. 测量方法

按图 6-8，用齿厚游标卡尺测量齿厚 L。

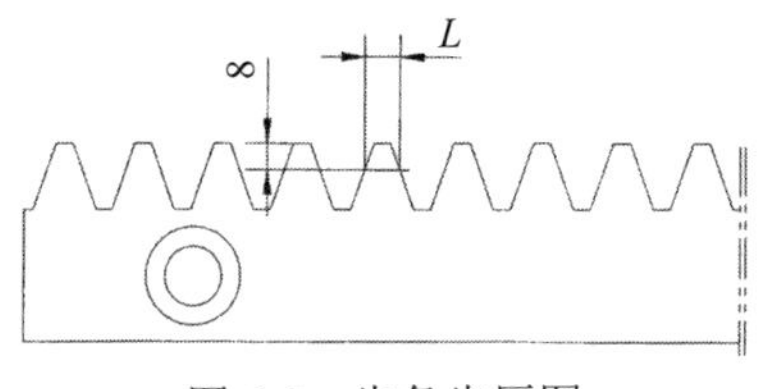

图 6-8　齿条齿厚图

2. 磨损极限

磨损极限值按表 6-4 规定。

齿条磨损极限表　　　　　　　　**表 6-4**

新齿条齿厚 L	标准尺寸 12.566mm
磨损极限齿厚 L	最小尺寸 11.6mm

三、靠背轮的磨损极限

1. 测量方法

用游标卡尺测量靠背轮外径尺寸。

2. 磨损极限

靠背轮外径磨损极限值按表 6-5 规定。

靠背轮磨损极限表　　　　　　　　**表 6-5**

新靠背轮外圈直径	ϕ 125mm
磨损极限外圈直径	最小尺寸 ϕ 120mm

四、标准节立管壁厚磨损极限

当标准节立管壁厚的最大磨损量达到原壁厚的 15% 时，应予以报废。

第四节　施工升降平台主要零件的更换

一、导轮的更换

当导轮轴承损坏或导轮磨损超标，达到磨损极限时，必须更换。更换方法如下：

（1）将作业平台降至地面用木块垫稳；

（2）用扳手松开并取下导轮连接螺栓，取下旧导轮；

（3）装上新导轮，调整好导轮与导轨架立柱之间的间隙，然后拧紧固定轴端定位板的螺栓。

二、靠背轮的更换

当靠背轮轴承损坏或靠背轮外圈磨损超标，达到磨损极限时，必须进行更换。更换方法如下：

（1）将作业平台降至地面用木块垫稳；

（2）将靠背轮轴端固定螺栓松开，取下旧靠背轮；

（3）重新装上新靠背轮并调整好齿条与齿轮的啮合间隙，然后拧紧固定轴端定位板的螺栓。

三、减速器驱动齿轮的更换

当减速器驱动齿轮齿面磨损达到极限时，必须进行更换。更换方法如下：

（1）将作业平台降至地面并用木块垫稳；

（2）断开电源；

（3）拆下减速器驱动齿轮外端面处的圆螺母及锁片，取下驱动齿轮；

（4）将轴表面擦洗干净并涂上黄油；

（5）将新齿轮装到轴上，装上锁片及圆螺母；

（6）调整好齿轮啮合间隙；

（7）接好电动机及制动器连线。

四、齿条的更换

当齿条损坏或已达到磨损极限时，应予以更换。更换方法如下（图6-9）：

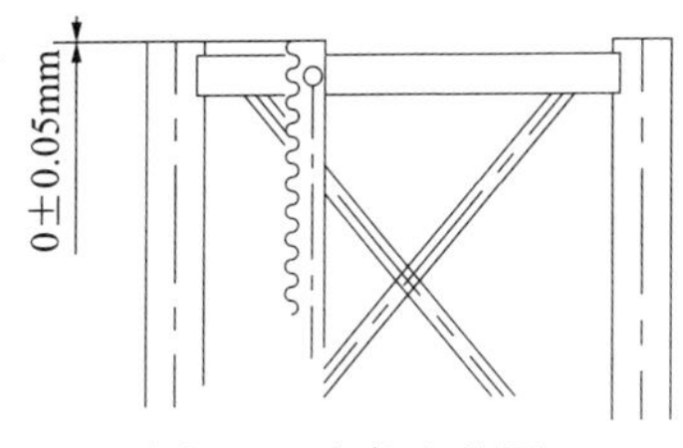

图6-9 齿条安装图

（1）松开齿条连接螺栓，拆下磨损或损坏的齿条；必要时可对齿条进行局部火焰加热（温度不得超过200℃），以清洁齿条连接处；

（2）按图示尺寸安装新齿条，螺栓拧紧力矩为150N · m。

五、减速器的更换

在作业平台运行过程中，出现减速器过热、严重漏油，或齿轮轴发生弯曲变形时，须对减速器或其相应零部件进行更换。更换方法如下：

（1）将作业平台降至地面后用木块垫稳；

（2）拆掉电动机接线；松开电动机制动器；拆下靠背轮；拆卸驱动板连接螺栓；将驱动板从驱动单元上取下，置于作业平台底板或地面；

（3）拆卸减速器与驱动板之间的连接螺栓，取下减速器；

（4）更换减速器；

（5）将新减速器装在驱动板上，拧紧连接螺栓；

（6）安装驱动板，用力矩扳手拧紧驱动板连接螺栓；

（7）安装靠背轮，调整齿轮齿条啮合间隙，然后拧紧固定轴端定位板的螺栓；

（8）电动机接线；

（9）恢复制动器的制动；接电试运行。

六、防坠安全器的更换

对于失效的、标定期满的，或达到法定使用年限的防坠安全

器均必须由专业人员进行更换。更换方法如下:

（1）拆下防坠安全器尾部开关罩，拆卸微动开关连接线;

（2）松开防坠安全器与驱动板之间的连接螺栓，取下防坠安全器;

（3）装上新防坠安全器，用 150N · m 的力矩拧紧连接螺栓，调整防坠安全器齿轮与齿条之间的啮合间隙;

（4）接好微动开关连线，装上开关罩;

（5）润滑防坠安全器;

（6）进行坠落试验，检查防坠安全器的制动情况;

（7）按防坠安全器使用手册说明进行复位。

第五节　施工升降平台电气系统的维护、保养与修理

一、基本规定

（1）必须由具有《特种作业操作证》的专职电工负责施工升降平台电气系统的维护、保养与修理。

（2）专职电工必须熟知施工升降平台的电气原理与电路构成；应该配备万用表、兆欧表、钳形电流表等常用电工仪表。

二、常规检查方法

（1）当电气系统出现故障时，首先应查阅电气原理图。

（2）检查供电电源的电压是否正常。

（3）在隔离开关、限位开关接通后，检查进入电控箱的电缆进线电压是否正常。如断相或错相，则相序保护器指示灯不亮，说明电源相序接错或电源缺相；若缺相，则应排除缺相问题；若错相，则将电控箱电源线任意对换两相；直至相序保护器的指示灯亮，恢复正常供电。

（4）电动机无法启动时，逐项检查并且确认紧急停止按钮、

热继电器已经复位；防坠安全器微动开关、各限位开关、控制线路空气开关等处于均处于闭合状态；上、下行程限位开关和极限开关未被碰断；主接触器、运行接触器、电磁铁接触器均已吸合，则故障一般可以排除。

三、施工升降平台电气系统的特点及其特殊要求

（1）为便于安装、维修和提高操作安全性，施工升降平台在电控箱门上设置控制按钮的基础上，增加作业平台手持式控制按钮盒。

（2）为了使防坠安全器动作时，能够立即切断电动机和电磁制动线圈的电源，使电动机停止转动，制动器进行制动，在防坠安全器的尾端设有微动开关。

注意：防坠安全器动作后，必须使之复位，释放微动开关，方可进行正常运行！

（3）为了保证作业平台升、降按钮控制方向的正确无误，同时保证上、下限位开关控制的有效性，避免意外事故的发生，升降平台设置了相序保护继电器。

（4）为了在发生设备故障或遇到紧急危险情况时，能够及时停止作业平台的运行，施工升降平台设有紧急停止按钮；紧急停止按钮与主控线路接触器线圈串接，一旦按下急停按钮，将切断主接触器的供电；红色急停按钮必须手动复位，方可继续操作。

（5）为了确保作业平台在限定的范围内安全运行，升降平台特别设置了上、下行程限位开关与极限限位开关双重保护装置。

（6）为防止作业平台下降时挤压或碰撞下方人员，特别设有平台下降过程的声光报警器。

（7）为保护作业平台内乘员安全，升降平台特别设置了一系列电气连锁线路，在作业平台入口门上设置了连锁开关。为了确保运行安全，连锁开关任何时候均不得失灵。

（8）由于电气线路各部分的电压不同（主回路是3相交

流 380V，控制回路是单相交流 36V，电磁制动器电磁铁线圈是单相直流 195V），所以应特别注意，不同回路的接点不可相互连接。

（9）由于施工升降平台的每个驱动单元，一般由两套驱动装置联合驱动，所以特别要求两台电动机的运转必须同步，电气特性与机械特性均应一致，即在运行时，各台电动机的转速相同，转矩相等；否则，会产生负载不均和环流现象，严重时可能损毁电机。因此在更换单个电动机时，应予以特别注意。

第七章　施工升降平台的危险辨识、故障排除与应急处置

第一节　施工作业的危险源及其辨识方法

一、安装与拆卸过程的危险源及其辨识方法

由于在施工现场安装和拆卸施工升降平台具有较大的难度及风险，零部件杂乱，安装环节众多，立体交叉作业，作业环境复杂，对施工升降平台安装企业的现场管理和安拆人员的专业素质要求很高。施工升降平台安装质量是保障施工安全的重要环节，每一个细微的疏漏，都可能成为一个危险源，都有可能给安拆工本人或施工升降平台使用者带来致命的伤害。

安装与拆卸过程中的危险源，主要来自现场环境、施工组织、人员素质、安装方式及现场管理等五个方面。

1. 关于现场环境的危险源辨识

（1）架设机架的地面承载能力的辨识

在安装作业之前，首先需要确认支撑机架的地面基础与连接附墙架的结构承载能力，预埋件、锚固件等是否符合安拆专项施工方案的要求。用于安装施工升降平台的基础结构不能满足要求，强行或者勉强进行安装，是施工升降平台安装施工的最大危险源之一。

（2）作业场地周边环境条件的辨识

在安装与拆卸作业之前需确认：

1）在安装与拆卸作业范围是否设置了警戒线或明显的警示

标志，否则存在伤及无关人员的危险性；

2）确认是否存在垂直交叉作业的情况，否则存在坠物伤人的危险性；

3）确认作业平台与建 / 构筑物或其他设备之间是否存在相互干涉现象，以防止平台升降时发生剐蹭或碰撞；

4）确认机座周边的排水是否顺畅，以防止雨季设备被水浸泡。

（3）作业时自然条件的辨识

需确认安装与拆卸作业时的天气情况：

1）在恶劣的气候条件下作业，例如遇雷雨、大风、冰雪天气进行安装与拆卸作业，存在发生事故的危险性。为此，施工安全操作规程规定，当遇到雨天、雪天、雾天或风力大于六级等恶劣天气时，应停止安装拆卸作业。

2）需确认安装与拆卸作业时的光线与照明情况。在光线昏暗处或夜间进行施工升降平台安装与拆卸作业，难以发现和避免潜在危险的发生。为此，施工安全操作规程规定，禁止夜间进行安装拆卸作业。

2. 关于施工组织的危险源辨识

（1）确认有无专项施工方案、是否盲目进行安拆作业，关系着施工升降平台安装与拆卸的安全性；

（2）没有专项施工方案，随意进行安装与拆卸作业，具有极大的危险性和潜在的安全隐患；

（3）在安装或拆卸前未对施工人员进行安全技术交底，施工人员盲目作业，存在不可预见的风险。

3. 关于人员素质的危险源辨识

施工升降平台安装与拆卸作业属于典型的 30m 以上的特级高处作业。安装与拆卸过程复杂、环境恶劣、专业性强、危险性大。

如果由未经专业安全技术培训并取得相应证书的人员进行安装与拆卸作业，存在很大的伤害本人、伤害他人或被他人伤害的危险性。

（1）未经安全技术培训的人员存在自我伤害的危险性

他们缺乏自我安全保护意识，不懂基本操作要领，不按高处作业规定进行安全防护，高处作业不系安全带，不用安全绳，存在坠落危险。

缺乏安全知识和自我安全保护意识，发生自我伤害的安全事故是迟早会发生的。因此，施工单位必须特别注意查验安拆人员培训合格证书，持证方可安排进行安装与拆卸作业。

安拆人员也应从自我生命安全保护的角度考虑，自觉接受培训和考核，坚持持证上岗，并有权拒绝不符合安全法规规定的工作安排。

（2）安装不规范存在伤害他人的危险性

由于安装人员安装不规范、不到位，遗留安全隐患，往往会造成伤害设备使用者的安全事故。

（3）违反安装拆卸程序存在人员伤害的危险性

专项施工方案所规定的安装与拆卸程序，都是经过专业技术人员按照有关规定，通过编制、审批程序确定下来的技术文件，安装拆卸作业人员应严格执行。但是在实际作业中，总是有人自行其是，不按规定的程序进行施工，造成人员伤害事故。

4. 安装方式不规范的危险源辨识

在施工现场存在着形形色色不规范的安装方式，都具有潜在的危险性，例如：

（1）主要受力构件的连接螺栓以小代大或降低强度等级使用；连接销轴未插入或连接后未设置开口销等轴端锁止装置；

（2）导轨架垂直度误差超标或自由端悬臂尺寸不符合规定；

（3）附墙架间隔距离不符合规定或水平度误差超标；

（4）安装后的限位挡块，不能有效触发行程限位开关或极限限位开关，限位形同虚设，无法实现安全保护作用；

（5）设备与高压输电线路的安全距离小于规定且无有效隔离措施，存在触电危险性；

（6）相邻安装的作业平台端部的水平间距过小，在交错升降时，可能发生剐蹭，若处置不当，很可能会发生事故；

（7）与周边施工设备设施的水平间距过小，很可能会发生相互碰撞事故。

5. 现场管理的危险源辨识

安装拆卸施工现场缺乏有效的安全管理，存在各类潜在的危险。

（1）高处安装拆卸作业存在坠物伤人的危险，物料在作业平台上堆放过高或违章在楼层边缘堆放物料，极易发生人员被砸伤的危险。

（2）不将手持工具和零星物件放在工具包内或从高处向下抛撒物料或杂物，存在落物伤人的危险；未做好必要的防护措施，存在着意外事故的危险。

（3）在安装拆卸过程中，平台上装载的构件、工具、材料分布不均或超过额定安装载荷，存在机架倾斜或倾覆的危险性。

（4）安装拆卸现场杂乱无章，存在潜在事故发生的风险。

（5）安装后，临时搭设的构件未及时拆除，可能发生意外。

（6）安装后不经检查验收，可能存在各种各样安装不规范或不到位的风险和事故隐患，因此，不仅需要由安装单位组织相关专业人员进行自检，而且需要委托专业检验单位进行专业检验或组织相关单位进行全面的安全质量验收。

为了杜绝或减少安装与拆卸过程的安全事故，为了避免因安装遗留的安全隐患造成施工升降平台使用安全事故发生，安拆单位应当认真组织做好安装作业的前期准备工作；编制专业性和可操作性强的专项施工方案有效指导安拆作业；扎实做好安装施工前的安全技术交底工作，对安拆人员提出具体的安全技术要求，引导安拆人员遵守安全操作规程，指导安拆人员识别各类危险源的方法，科学合理妥善地处理安装过程出现的技术问题；坚决贯彻执行安装后的自检、专业检查和验收的规定与程序；最终目的是有效避免或杜绝安全事故发生。

二、使用过程的危险源及其辨识方法

1. 平台超载或堆放物料过于集中

每次升降前，应查看物料堆放位置、操作人员数量、平台的总载荷是否在标识牌所规定的范围内。

2. 延伸平台的伸缩杆固定不牢固

伸缩杆未使用固定螺丝固定，在使用过程中伸缩部分向外滑出，存在升降时与建筑物外墙发生剐蹭的危险。在使用过程中伸缩杆外伸部分下垂，存在施工人员向外滑出的危险。应经常检查延伸平台离墙距离、伸缩梁长度及固定情况。

3. 自动调平装置失效

双导轨架平台的自动调平装置失效，限位精度超出允许水平倾斜角度 2°，在升降过程中，中间平台结构出现较大应力，会造成平台组件变形损坏。为此，需要定期检查自动调平装置并进行校准，确保自动调平装置保持始终有效。

4. 运行时延伸平台未及时收回

在平台升降时，未及时将延伸平台伸缩杆收回，造成平台可能与建筑结构发生干涉，将造成平台结构受损。

5. 作业人员攀爬翻越护栏

作业人员不按安全操作规程规定从地面进出作业平台，而直接从平台上翻越防护栏进入楼层内部，或者站在高于平台底板的位置施工作业，均存在发生高处坠落事故的危险。

6. 在平台电控箱内私接其他用电设备

施工人员对作业平台电控箱私自拆改，借用平台专用电控箱接电，存在烧坏电控箱内的电气元件或造成操作过程中漏电的危险性，应严格禁止此类行为。

7. 电缆线不能垂直落入电缆桶

当出现大风天气时，电源电缆线难以顺利进入电缆桶，存在导致电缆被扯断的安全隐患。所以，禁止在超过规定风速的大风天气下操作平台作业。突遇大风时，要设专人监控电缆入桶情况，确保电缆顺畅出入桶。

三、施工现场作业风险的防控

施工现场风险防控，主要从以下三方面进行。

1. 安装与拆卸的安全风险防控

（1）做好安全技术交底

施工前必须认真做好安全技术交底，并办理书面签字手续；平台操作人员必须经过专业技术安全培训并取得上岗证后，方可对平台进行操作。

（2）管理人员的分工要明确，责任到人，施工人员严格遵守操作规程。

（3）不允许在承载力不明的结构上使用施工升降平台。

（4）安全防护措施必须到位，进入现场必须戴安全帽、系安全带、穿防滑鞋。

（5）安全装置灵敏有效，使用前必须检查平台上所有的安全装置和电控系统是否正常。

（6）熟知平台额定载荷和允许乘载人数，严格按照载荷分布要求加载，严禁超载运行。

（7）规范施工作业安全操作规程，登上平台的所有人员严禁攀爬护栏，也不允许垫高工作面进行操作。

2. 使用过程的安全风险防控

（1）在平台升降过程中，应严格按安全操作规程进行操作。

（2）在升、降平台前，要对平台周边进行检查，未经检查严禁升、降；在确认运行通道无障碍后，方可启动平台运行。

（3）不超载使用平台，物料严格按平台载荷分布图表堆放，悬挑部分总载荷不超过 1/2 额定载荷。

（4）在延伸平台上不堆放物料；在升降运行前确认是否需要缩回延伸平台。

（5）在平台升降过程中，禁止作业人员进行施工作业。必须等平台停稳之后，再进行施工作业。

（6）不在平台上做妨碍施工安全的剧烈运动。

（7）在使用期间，任何人不随意拆除平台构件及杆件。

（8）不随意更改平台电控箱的线路或在电控箱里私接电源。

（9）出现紧急情况时，应及时按下紧急停止按钮。

（10）突遇六级及以上大风时，应立即停止使用施工升降平台，并将平台降到最低位置，切断电源。

（11）每班工作完毕后，将作业平台下降到最低位置，将电控箱门锁好，拉闸断电，确保无关人员无法操作平台。

（12）在做好日常维护、保养和检查的基础上，定期进行全面检查与维修。

第二节　施工升降平台故障分析与排除方法

施工升降平台常见故障原因分析与排除方法见表7-1。

施工升降平台常见故障及原因分析表　　表7-1

序号	常见故障	原因分析
1	总电源开关跳闸	在电路中存在短路； 相线存在接地情况
2	供电正常，主接触器不吸合	平台入口门未关闭到位，限位开关未闭合； 急停按钮或微动开关或热继电器未复位； 线路存在断路或开路情况； 启动按钮或接触器损坏
3	升降操作时，接触器不吸合	上或下限位开关常闭触点断开； 操作按钮线路断路或损坏； 接触器线圈损坏
4	电机启动困难，并伴有异常声响	制动器没有打开； 电机缺相； 超载或严重偏载
5	电动机堵转	制动器未打开； 供电电压过低； 驱动齿轮与齿条间被异物卡住； 严重超载

续表

序号	常见故障	原因分析
6	作业平台运行时，自动停车	长时间超负荷运行，致使热继电器动作； 平台入口未关好，致使连锁开关接触不良； 其他线路接触不良
7	作业平台运行越限时，限位开关不起作用	限位开关损坏； 限位碰块移位； 接触器触点粘接； 操作手柄触点粘接
8	作业平台向上运行越限，发生冒顶	上极限限位开关失效； 上极限限位碰块移位
9	作业平台向下运行越限，发生撞底	下极限限位开关失效； 下极限限位碰块移位
10	作业平台运行有抖动现象	齿轮啮合侧隙过大； 导轮间隙过大或不均匀； 标准节或齿条接头处阶差过大； 制动器分离不彻底，且制动间隙不均匀
11	电动机制动器脱不开	制动器线圈损坏； 整流桥损坏； 制动接触器损坏
12	传动机构温升过大	润滑油不足或变质； 滚动轴承损坏； 作业平台运行有异常阻力； 长时间满负荷工作
13	在正常速度运行时，防坠安全器动作	标定速度太低； 离心甩块弹簧松脱
14	电路正常，但操作时，时动时不动	线路接触不良； 接头存在虚接处
15	停车操作时，动作滞后	接触器铁芯有剩磁，致使释放延时； 接触器内部过脏，致使铁芯复位受阻

第三节　施工升降平台异常情况的应急处置

一、平台运行出现异常声响

1. 在平台运行中，突然发出异常声响

首先应检查齿轮与齿条或导向轮与导轨架立柱之间是否被石子、螺栓、钢筋头等坚硬异物卡住，需及时进行清理排除。

2. 在运行过程中出现清脆的有节奏的“咔、咔”声

应检查导向轮、靠背轮等处的滚动轴承是否损坏，及时更换。

3. 驱动装置发出“嗡嗡”声或平台运行抖动，伴有糊味

（1）应检查减速机是否存在漏油现象，拧开减速机油位检查螺塞，检查油位是否充足（正常情况是拧开油位螺塞应有少量油流出）。

（2）如果油位正常，有可能是电磁制动器释放不彻底。

（3）检查电动机接线盒内整流模块是否有输出电压，如果没有输出电压，则说明模块烧毁需立即更换。

（4）如输出电压正常，则有可能是电机尾部的电磁制动器出现机械故障，应请专业人员拆卸维修。

4. 电动机发出异响，同时明显感到动力不足

检查平台是否超载；电压是否过低；制动器是否烧坏或者受潮。如果电动机和电器元件损坏，应将平台下降至地面附近位置，由专业维修人员进行修理或更换。

5. 在升降过程中遇导轨架标准节或立柱连接位置存有异响

（1）检查标准节连接螺栓是否松动，及时拧紧。

（2）检查立柱对接处是否存在超差的错台，如有应及时停止升降，对对接位置进行处理，确认无问题后方可重新启动。

二、突发其他异常情况

1. 在平台升降过程中突然停机

（1）应检查电控箱，检查所有电磁继电器的完好性。

（2）检查热敏元件是否脱开。

（3）确定电缆、电线无损坏；接头、插头连接良好。

（4）检查变压器是否烧坏。

（5）检查各限位开关状态。

（6）检查电动机接线盒中接头有无脱落或松动。

逐一进行排查，直至消除故障。

2. 平台正常下降时防坠安全器异常触发

防坠安全器应当在下降速度超过限定值时方才启动，如果正常下降速度时防坠器启动，致使平台不能正常运行，则有可能是离心式防坠装置的离心甩块弹簧日久疲劳失效，应由专业人员进行检修。检修后应注意对安全器进行复位。

3. 作业中突然断电

（1）在施工过程中如果发生突然断电情况时，首先应查明断电原因。

（2）若属于长时间停电或设备电气故障，应采用手动下降功能使平台下降至地面。

（3）操作双导轨架平台手动下降时，必须由两名作业人员同步进行，并且始终关注控制平台的水平度。

（4）使用手动下降摇把时，应缓慢释放电动机制动器，直到平台开始下降为止，然后通过摇把控制平台匀速下降；如果下降速度过快，可以适当放松下降摇把，调节制动器的释放程度，防止超速下降造成防坠安全器动作或发生意外。

4. 按动上升按钮，平台不上升反而下降

（1）电源缺相或上升接触器烧毁，电动机不工作无法继续向上运行，而此时电磁制动器已被释放，所以平台在自重作用下出现非操控性下滑。

（2）应及时由专业维修人员修复电源或更换电动机上升接触器。

5. 平台停在空中电动机无法启动

（1）首先查看电源指示灯是否正常。

（2）检查平台是否超载或严重偏载，致使超载或超力矩保护装置启动；去掉多余的载荷或调整平台载荷分布。

（3）用万能表测量电源电压是否过低，消除电源电压过低的可能原因。

（4）测量整流模块是否完好，排除电动机制动器未释放的因素。

（5）检查电动机制动器是否烧坏或者受潮湿，如损坏应及时更换。

6. 平台只能上升不能下降

（1）首先排查下降控制电路故障，可能是下降接触器没有动作，由专业电工进行维修。

（2）有异物卡在驱动齿轮与齿条之间，及时进行清除。

（3）下行限位开关未复位，查明动作原因后进行复位。

（4）如果下行限位开关正常，按动下降按钮，有音响信号，但驱动器仍无下降动作，则是自动调平装置动作了，需及时予以排除。

三、施工现场安全事故应急预案

1. 发生平台坠落事故的救援应急预案

（1）发现作业平台坠落事故的任何人员，均应立即在现场高声呼喊，告之周边人员，并且即刻通知现场负责人或安全员；若发现人员伤亡应及时拨打“120”急救电话。

（2）工程项目主管人员负责全面组织、指挥和协调救援工作。

（3）施工现场负责人组织人员先行切断相关电源，防止发生触电事故，然后对事故现场实施有序抢救。

（4）全力以赴抢救被砸或被压人员，对轻伤人员立即采用现场止血、包扎、肢干固定等简易救护方法进行救治；重伤人员由工长负责组织人员送往医院抢救。

（5）由工长负责组织所有安装维修人员，立即拆除救援通道障碍物；其他人员进行现场清理、抬运物品，保证救援通道畅通，方便救护车辆出入；门卫值勤人员守在施工现场大门外，负责接应指引救护车辆及人员。

2. 发生物体打击事故或机械伤害的救援应急预案

（1）保护事故现场，即刻通知现场负责人或安全员。

（2）对轻伤人员立即采用现场止血、包扎、肢干固定等简易救护方法进行救治，并由工长负责组织人员送医院抢救。

（3）若发现人员重伤应及时拨打“120”急救电话。

（4）清理救援通道，方便救护车辆出入。

（5）门卫值勤人员负责接应救护车辆及人员。

3. 发生触电事故的救援应急预案

（1）对伤势不重、神志清醒、未失去知觉，但内心惊慌、四肢发麻、全身无力者，不要让其立即走动，应安静休息等待恢复。

（2）对曾一度昏迷，但已经清醒者，应保持周围空气流通并注意保暖，安静休息，然后进行观察或送医院进一步救治。

（3）对伤势较重、已经失去知觉，但心脏跳动呼吸存在者，应使其平卧、保持空气流通，并解开衣领，以利于自主呼吸，注意保暖，等待救护车及时送医院救治。

（4）对伤势严重、呼吸困难或呼吸停止、心脏停止跳动者，在紧急呼叫“120”急救的同时，施行人工呼吸或胸外心脏按压复苏、刺激仁中穴等方法进行现场抢救，直至“120”急救车赶到之前，不可终止现场救治。

4. 发生电击伤抢救预案

（1）立即切断电源或用木棍、竹竿等绝缘物体拨开电线，尽快使被电击者脱离电源。

（2）其余救治方法与触电事故救援应急预案相同。

5. 发生高空坠落的救援应急预案

重点关注伤员的脊椎、颈椎及内脏损伤。

（1）对清醒、能自主活动者，抬送医院进一步救治。伤及内脏的，有时当场感觉不明显，应因地制宜、快速制作临时担架用于抬送。

（2）对不能动或不清醒者，切不可乱搬乱抬，更不能背起来就走。严防拉脱脊椎、颈椎而造成永久性伤害。抬上担架时，应多人分别托住头、肩、腰、胯、腿等部位，同时用力，平稳托起，送医院诊治。

6. 发生火灾的救援应急预案

（1）发现火情，应立即拨打消防中心火警电话（119 或 110）报警。

（2）迅速报告应急救援小组，组织有关人员携带消防器材赶赴现场进行扑救。本着“先救人，后救物”原则，迅速组织无关人员逃生。

（3）应急救援小组接到报警或发现火情后，应尽快切断电源，关闭阀门，迅速控制可能加剧火灾蔓延的部位，以减少蔓延的因素，为迅速扑灭火灾创造条件。

7. 施工现场应急救援的组织工作

（1）发生上述事故时，现场的安全人员（应急救援小组成员）应迅速将情况上报应急救援领导小组。

（2）对伤情轻微的、现场可以进行救治的伤员，事发地负责人或项目经理应组织采取简捷有效的救治措施，如人工呼吸、止血包扎等。

（3）情况严重的，事发地现场负责人或项目经理一边向应急救援领导小组报告情况，一边拨打 120 急救电话。如距离医院较近，则应迅速组织人力将伤员直接送往医院检查、抢救，同时指派人员对现场进行保护，等待事故调查。

（4）应急救援小组接到事故报告后，应迅速赶往事故发生地，组织各救援小组视情况展开救援工作。若情况严重，应急救援领导小组应在第一时间内将情况报告市（县）安全、建设主管部门。

附　　录

附录一　施工升降平台操作安装维修工培训考核大纲

随着我国现代化建设的飞速发展，一大批高处作业吊篮和施工升降平台等高空作业机械设备应运而生，逐步取代传统脚手架和吊绳坐板（俗称“蜘蛛人”）等落后的载人登高作业方式。高空作业机械设备的不断出现，不仅有效地提高了登高作业的工作效率、改善了操作环境条件、降低了工人劳动强度、提高了施工作业安全性，而且极大地发挥了节能减排的社会效益。

高空作业机械虽然相对于传统落后的登高作业方式大大提高了作业安全性，但是仍然属于危险性较大的高处作业范畴，同时具备机械设备操作的危险性。虽然高空作业机械按照技术标准与设计规范均设有全方位、多层次的安全保护装置，但是这些安全保护装置与安全防护措施必须在正确安装、操作、维护、修理和科学管理的前提下才能有效发挥其安全防护作用。因此，高空作业机械对于从业人员的理论水平、实际操作技能等综合素质提出了更高的要求。面对全国众多的高空作业机械的从业人员，亟待进行系统的、专业的安全技术培训。

为了健康、有序、持久地开展施工升降平台作业人员的职业安全技术培训，有效提升施工升降平台从业人员的理论技术水平和安全质量素质，确保施工升降平台作业人员的施工安全，特制定本培训考核大纲。

一、培训考核对象

1. 凡直接从事施工升降平台操作、安装、拆卸和维修作业的从业人员，均应按照本大纲规定的内容及要求参加培训考核。

2. 参加培训考核的人员应满足以下基本条件：

（1）年满 18 周岁，且不超过国家法定退休年龄；

（2）经社区或者县级以上医疗机构体检健康合格，并无妨碍从事相应高危作业的器质性心脏病、癫痫病、美尼尔氏症、眩晕症、癔病、震颤麻痹症、精神病、痴呆症以及其他疾病和生理缺陷；

（3）具有初中及以上文化程度；

（4）具备必要的安全技术知识与技能；

（5）符合高危作业规定的其他条件。

二、培训目标

通过培训使施工升降平台从业人员懂得本职业的性质与特点、应该具备的职业道德及基本安全知识，了解施工升降平台的基本构造及原理，学习领会施工升降平台的操作、安装、拆卸和维修的安全技术要求、施工作业程序与要领、安全操作规程、危险防范和应急操作知识，熟练掌握施工升降平台实际操作方法和安全技术要领，全面提升安全技术技能和职业素质。

三、培训考核内容

1. 职业道德与安全技术理论

（1）职业道德规范

1）知道职业道德规范的基本内容；

2）熟知职业道德守则的具体内容。

（2）安全生产基本知识

1）熟知有关高危作业人员的管理制度；

2）熟知高处作业安全知识；

3）了解安全防护用品的作用及使用方法；

4）熟知安全标志基本知识；

5）了解施工现场消防知识；

6）了解现场急救知识；

7）熟知施工现场安全用电基本知识。

2. 专业技术理论

1）了解施工升降平台分类及特点；

2）熟知施工升降平台及各主要部件的性能与参数；

3）熟知施工升降平台的构造、工作原理和安全技术要求及零部件修复与报废标准；

4）熟知施工升降平台各类安全装置工作原理和安全技术要求及修复与报废标准；

5）熟知施工升降平台齿条和结构件的安全技术要求及修复与报废标准；

6）熟知钢丝绳的性能、安全技术要求和报废标准；

7）了解施工升降平台电气控制系统元器件的功能和基本原理；

8）了解施工升降平台使用、安拆及维修作业危险源辨识方法；

9）了解施工升降平台使用、安拆及维修作业前准备工作内容与要求；

10）熟知施工升降平台安装、调试作业内容及安全技术要求；

11）熟知施工升降平台安装后的检验内容和方法；

12）熟知施工升降平台日常维保、定期维修内容及修理方法；

13）熟知施工升降平台维修后的检验检测内容与技术要求；

14）熟知施工升降平台常见故障产生的原因和排除方法；

15）掌握施工升降平台使用、安拆和维修作业安全操作规程；

16）了解与施工升降平台使用、安拆和维修作业有关典型事故原因及处置方法；

17）熟知施工升降平台使用、安拆和维修过程紧急情况的应急操作方法与要领。

3. 安全操作技能

1）熟练正确使用安全帽、安全带和安拆维修工具；

2）能够正确进行施工前的现场准备工作；

3）能够按照规定的程序和技术要求对施工升降平台进行安拆和维修作业；

4）掌握施工升降平台各部件、安全装置和整机的调试技能；

5）能够全面进行施工升降平台安装后的质量安全检查；

6）能够处置施工升降平台在使用、安拆和维修过程常见问题；

7）能够正确排除施工升降平台使用、安拆及运行中出现的常见故障；

8）能够独立进行施工升降平台各部件的维护和检修作业；

9）能够对检修后的施工升降平台进行性能及安全检验和检测；

10）能够准确判断施工升降平台的故障点，且熟练排除故障；

11）能够对施工现场发生险情和故障的施工升降平台，采取正确有效的安全措施，且安全及时排除险情及故障；

12）在使用、安拆及维修施工现场出现紧急情况时，能够正确进行应急处置。

四、培训方式及课时

采取面授与现场培训相结合的方式进行培训，不少于 8h。

具体培训时间安排见附表 1-1：

施工升降平台操作工培训、技能提升课时安排表　附表 1-1

序号	培训内容	培训时间
1	职业道德与施工安全基础教育	1.0h
2	施工升降平台基础知识	0.5h
3	施工升降平台安全技术要求	0.5h
4	施工升降平台的安装与拆卸	1.0h
5	施工升降平台的安全操作	1.0h
6	施工升降平台维护与保养	1.0h
7	危险辨识、故障排除与应急处置	1.0h

续表

序号	培训内容	培训时间
8	施工升降平台实际操作现场指导训练	2.0h
9	合 计	8.0h

五、考核方式及评分办法

1. 考核程序

培训完毕组织考核。

考核包括：理论考试和实际操作考核两种形式。理论考试合格者，方可参加实际操作考核。考试或考核不合格者，允许补考一次。

2. 理论考试

理论考试试卷统一命题：在理论考试试题库中随机抽取，自动生成电子版试卷，考生统一上计算机进行无纸化考试。考试时间60分钟。考试完毕，由计算机当场判分，并出具考试结果。

理论试卷命题比例：判断题30道，分值60分；单项选择题15道，分值30分；多项选择题5道，分值10分。满分100分，60分及以上为合格。

考试要求：独立解答，不得代考。每个考场设2名及以上考评员，其中设组长1名。

3. 实操考核

理论考试合格的考生参加实操考核。

试题类型与比例：现场实际操作题，分值60分；模拟操作场景考核题，分值40分。满分100分，70分及以上合格。

考核方式：现场实际操作项目，2名考生分为1组相互配合进行操作，由考评员分别对每名考生的实操表现进行现场考评打分。模拟操作场景考核，由考评员一对一以抽题口试方式进行。

六、考核结果

理论考试和实际操作考核成绩全部合格者为考核合格，颁发《施工升降平台操作安装维修工安全技术职业培训合格证书》。

附录二　施工升降平台操作安装维修工考核试题库

第一部分　理论考试试题

一、判断题（正确的画√，错误的画×。每题2分）

1. 施工升降平台操作安装维修工应培训考核持证上岗。（√）

2. 施工升降平台与高处作业吊篮的施工作业领域完全不同。（×）

3. 施工升降平台与高处作业吊篮的施工作业领域基本相同。（√）

4. 施工升降平台具有稳定性强、承载力大、作业面宽等优点。（√）

5. 施工升降平台具有一些高处作业吊篮难以替代的优势。（√）

6. 目前应用最为广泛的是液压驱动式施工升降平台。（×）

7. 目前应用最为广泛的是电力驱动式施工升降平台。（√）

8. 额定载荷是施工升降平台使用者允许的最大工作载荷。（×）

9. 额定载荷是施工升降平台设计者允许的最大工作载荷。（√）

10. 导轨架既是支承作业平台的结构件，又是作业平台垂直升降的导向轨道。（√）

11. 靠背轮的作用是平衡驱动齿轮与齿条啮合的轴向力。（×）

12. 靠背轮的作用是平衡驱动齿轮与齿条啮合的径向力。（√）

13. 底架是承载施工升降平台整机重量和工作载荷的部件。（√）

14. 导轨架是承载施工升降平台整机重量和工作载荷的部件。（×）

15. 附墙架的作用是增强导轨架的整体结构稳定性及刚度。（√）

16. 顶端专用标准节应设置齿条。（×）

17. 顶端专用标准节不应设置齿条。（√）

18. 底架支腿不得超出外伸极限位置或露出极限警示标志。（√）

19. 超高导轨架，应按使用手册规定安装加厚标准节。（√）

20. 附墙架连接尺寸应不可调节。（×）

21. 附墙架连接尺寸应可以调节。（√）

22. 单导规架工作平台的两侧平台悬挑长度应尽量相等。（√）

23. 作业平台的入口门应向外侧打开，且应能自动关闭或设置连锁装置。（×）

24. 作业平台的入口门应向内侧打开，且应能自动关闭或设置连锁装置。（√）

25. 作业平台底板上的活板门不得向下打开，且应可靠锁紧。（√）

26. 作业平台底板上的活板门不得向上打开，且应可靠锁紧。（×）

27. 平台载荷图表应标明允乘人数、额定载荷及载荷分布。（√）

28. 电控系统的安装必须由持证安装拆卸工进行。（×）

29. 电控系统的安装应由专业持证电工进行。（√）

30. 当导架安装高度大于 105m，应在顶端安装航空障碍灯。（√）

31. 被拆卸的零部构件运至地面后，应放置在指定位置并分类码放整齐。（√）

32. 被拆卸的零部构件运至地面后，应随机码放整齐。（×）

33. 被拆卸的螺栓、销轴等小件应分类装袋或装箱存放。（√）

34. 安拆作业必须明确安全技术负责人，进行统一指挥。（√）

35. 安拆作业应在现场指定临时负责人，进行统一指挥。（×）

36. 在安拆施工前，必须进行书面安全技术交底。（√）

37. 在安拆施工前，必须进行口头安全技术交底。（×）

38. 作业人员应熟悉专项施工方案，遵守安全操作规程。（√）

39. 施工作业时必须佩戴必备的安全防护用品。（√）

40. 作业人员严禁酒后或过度疲劳状态上岗。（√）

41. 作业人员饮酒后，必须头脑清醒方可上岗。（×）

42. 在安装施工升降平台前，应编制专项施工方案。（√）

43. 在安装施工升降平台前，可不编制专项施工方案。（×）

44. 在施工升降平台作业区域，应设置警戒线及明显的警示标志或派专人监护。（√）

45. 施工升降平台在非人员密集区域作业可不设置警戒线。（×）

46. 应将底座伸缩臂或摆臂尽量伸展到最大极限位置上。（√）

47. 每安装一道附墙架，都需要用经纬仪测量导轨架在两个方向的垂直度。（√）

48. 应安装上行程和上极限限位装置，以防止作业平台冲顶。（√）

49. 极限限位开关应能自动复位。（×）

50. 行程限位开关应不能自动复位。（×）

51. 平台入口门连锁装置的作用是：当门未关严时，作业平台不能启动。（√）

52. 必要时，可暂时拆除平台入口门连锁装置。（×）

53. 整机安装后，应由安装单位按规定的检验项目进行自检。（√）

54. 整机安装完毕后，应直接请检验机构进行检验。（×）

55. 延伸平台只允许承载作业人员，不得堆放任何物料。（√）

56. 延伸平台只允许堆放物料，不得承载作业人员。（×）

57. 不得以投掷传递工具或器材，禁止在高空抛掷任何物件。（√）

58. 只允许在空中投递常用工具，禁止在高空抛掷其他物件。（×）

59. 在作业中发生故障或危及安全时，应立即停止作业。（√）

60. 作业人员下班后，应对作业现场采取必要的防护措施。（√）

61. 作业人员在下班后，应立即离开施工现场。（×）

62. 安装完毕后，应及时拆除安装作业使用的临时设施。（√）

63. 安装完毕后，应保留为安装作业而设置的临时设施。（×）

64. 拆卸作业应遵循后装的零部件，先行拆卸的原则。（√）

65. 拆卸作业应遵循先装的零部件，先行拆卸的原则。（×）

66. 专用吊杆只能吊装安拆用零部件，不得用于其他吊装。（√）

67. 专用吊杆可以吊装其他物件。（×）

68. 利用吊杆进行拆卸时，不允许超载。（√）

69. 在使用专用吊杆时，吊杆下严禁站人。（√）

70. 在使用专用吊杆时，应用手扶稳吊装物，避免晃动。（×）

71. 在专用吊杆上有悬吊物时，不得开动作业平台。（√）

72. 在专用吊杆上有悬吊物时，应平稳开动作业平台。（×）

73. 平台运行时，人员的头部及肢体以及所载物料绝对不能露出护栏之外。（√）

74. 有人在导轨架上或附墙架上作业时，禁止开动作业平台。（√）

75. 当作业平台升降时，严禁进入平台下方区域。（√）

76. 当作业平台上升时，应及时清除平台下部区域的障碍物。（×）

77. 在平台启动前，应先进行检查，消除安全隐患。（√）

78. 在安拆中，应按额定安装载重量装载，不允许超载运行。（√）

79. 在安拆中，应按平台额定载重量装载，不允许超载运行。（×）

80. 严禁夜间进行安装拆卸作业。（√）

81. 只有在抢工期时，方可夜间进行安装拆卸作业。（×）

82. 拆卸前，应确保防坠安全器处于完好有效状态。（√）

83. 平台上的操作人员必须系安全带、戴安全帽、穿防滑鞋。（√）

84. 不得穿拖鞋、塑料底等易滑鞋操作。（√）

85. 不得在平台上嬉戏打闹。（√）

86. 不得在平台上嬉戏打闹，可以玩手机。（×）

87. 严禁超员或超载运行。（√）

88. 在采取必要措施后，方可超员运行。（×）

89. 平台上乘人和载物应均匀分布，避免偏载运行。（√）

90. 平台上的乘员必须均匀分布。（×）

91. 运行时，严禁物品伸到平台以外，避免运行中发生危险。（√）

92. 严禁装载易燃、易爆物品。（√）

93. 必须采用安全措施，方可装载易燃、易爆物品。（×）

94. 运行中发现设备异常，应立即停机检修。（√）

95. 严禁在作业平台上使用梯子和凳子等垫脚物进行作业。（√）

96. 采用安全措施，方可使用梯子和凳子等垫脚物进行作业。（×）

97. 严禁将施工升降平台作为载人或载货的电梯使用。（√）

98. 必要时，方可将施工升降平台作为电梯使用。（×）

99. 运行前，操作人员必须鸣铃示警。（√）

100. 正常运行时，严禁使用手动释放装置使平台滑降。（√）

101. 正常运行时，可以手动释放制动器使平台滑降。（×）

102. 当设备顶部风力大于六级时，平台不得运行。（√）

103. 班后应填写运行记录，关闭电源，锁好电控箱方可离开。（√）

104. 应成对调整导轨架导向立柱两侧的侧向导轮和正面导轮。（√）

105. 应单独调整导轨架导向立柱两侧的侧向导轮和正面导轮。（×）

106. 为提高试验时的安全性，应另行设置坠落试验操控线路。（√）

107. 应在作业平台上的安全位置操控平台坠落试验。（×）

108. 防坠安全器动作后，必须进行复位，方可继续使用。（√）

109. 防坠安全器动作后，可立即使用。（×）

110. 急停按钮按下后必须进行手动复位，方可继续操作。（√）

二、单项选择题（选择一个正确答案，将对应字母填入括号。每题 2 分）

1. 目前应用最为广泛的是（B）传动式施工升降平台。

A. 棘轮棘爪　　B. 齿轮齿条

C. 螺杆螺母　　D. 液压

2. 额定载荷是施工升降平台（C）允许的最大工作载荷。

A. 使用者　　B. 工程师

C. 设计者　　D. 液压

3. 靠背轮的作用是，平衡驱动齿轮与齿条啮合的（D）。

A. 轴向力　　B. 切向力

C. 周向力　　D. 径向力

4. 承受施工升降平台整机重量和工作载荷的承力部件是（C）。

A. 导轨架　　B. 附墙架

C. 底座　　D. 作业平台

5. 相邻标准节主杆结合面对接处相互错位的阶差应不大于（C）。

A. 0.5mm　　B. 0.6mm

C. 0.8mm　　D. 1.0mm

6. 相邻标准节齿条对接处，沿齿高方向的阶差应不大于（A）。

A. 0.3mm　　B. 0.4mm

C. 0.5mm　　D. 0.6mm

7. 相邻标准节齿条对接处，沿长度方向的齿距偏差应不大于（D）。

A. 0.3mm　　B. 0.4mm

C. 0.5mm　　D. 0.6mm

8. 附墙架安装后的最大水平倾角应不大于（B）。

A. ±6°　　B. ±8°

C. ±10°　　D. ±12°

9. 附墙架的安装间隔一般为（B）m 左右。

A. 4　　B. 6

C. 8　　D. 10

10. 延伸平台与主平台的高度差应不大于（C）m。

A. 0.3　　B. 0.4

C. 0.5　　D. 0.6

11. 当平台与墙面的水平距离为 0.3 ～ 0.5m 时，护栏高度应不低于（C）m。

A. 0.8　　B. 1.0

C. 1.1　　D. 1.2

12. 护栏护脚板的高度应不低于（B）m。

A. 0.1　　B. 0.15

C. 0.2　　D. 0.25

13. 相邻作业平台端部间距应不小于（D）m。

A. 0.2　　B. 0.3

C. 0.4　　D. 0.5

14. 施工升降平台驱动装置的最大额定速度应不大于（A）m/s。

A. 0.2　　B. 0.3

C. 0.4　　D. 0.5

15. 齿轮与齿条啮合的齿面侧隙应为（B）mm。

A. 0.1 ～ 0.3　　B. 0.2 ～ 0.5

C. 0.3 ～ 0.6　　D. 0.4 ～ 0.7

16. 施工升降平台的金属结构和电器金属外壳均接地电阻应（B）。

A. 不小于 4Ω　　B. 不大于 4Ω

C. 不小于 2MΩ　　D. 不大于 2MΩ

17. 施工升降平台带电零件与机体间的绝缘电阻应（C）。

A. 不小于 4Ω　　B. 不大于 4Ω

C. 不小于 2MΩ　　D. 不大于 2MΩ

18. 国家标准规定当平台运行至地面（C）m 之前，应连续发出声光报警信号。

A. 1.5　　B. 2.0

C. 2.5　　D. 3.0

19. 防超速下降装置应在平台速度超过（D）m/s 之前触发制动停止平台。

A. 0.2　　B. 0.3

C. 0.4　　D. 0.5

20. 防超速下降装置触发后，且能使载有（B）倍额定载荷的平台制动停止。

A. 1.0　　B. 1.1

C. 1.2　　D. 1.5

21. 遇到风速超过（B）m/s 的大风，应停止安装拆卸作业。

A. 10　　B. 13

C. 15　　D. 20

22. 额定安装载重量，即（C）额定载重量。

A. 30%　　B. 40%

C. 50%　　D. 60%

23. 电气控制回路的电源应为（A）V。

A. 36　　B. 110

C. 220　　D. 380

24. 行程限位开关应选择（A）型。

A. 自动复位　　B. 延时触发

C. 非自动复位　　D. 延时闭合

25. 极限限位开关应选择（C）型。

A. 自动复位　　B. 延时触发

C. 非自动复位　　D. 延时闭合

26. 驱动单元导轮与导轨架导向立柱两侧间隙之和不大于（D）mm。

A. 0.5　　B. 0.75

C. 1.0　　D. 1.5

27. 制动器的间隙应调整在（B）mm 范围内。

A. 0.3 ～ 0.5　　B. 0.5 ～ 0.8

C. 0.8 ～ 1.0　　D. 1.0 ～ 1.2

28. 作业平台满载下降时制动距离不应超过（B）mm。

A. 50　　B. 100

C. 150　　D. 200

29. 标准规定：作业平台正常运行时的纵向倾斜角度允差为（C）。

A. ±1.0° B. ±1.5°

C. ±2.0° D. ±2.5°

30. 当标准节立柱壁厚的最大磨损量达到原壁厚的（C）时，应予以报废。

A. 10% B. 12%

C. 15% D. 20%

31. 相序保护继电器的作用是防止（B）。

A. 长期过载运行 B. 限位装置失效

C. 超范围运行 D. 系统失控

32. 热保护继电器的作用是防止（A）。

A. 长期过载运行 B. 限位装置失效

C. 超范围运行 D. 系统失控

33. 限位装置的作用是防止（C）。

A. 长期过载运行 B. 限位装置失效

C. 超范围运行 D. 系统失控

34. 急停按钮的作用是防止（D）。

A. 长期过载运行 B. 限位装置失效

C. 超范围运行 D. 系统失控

35. 急停按钮应在紧急情况时能够切断立即（C）。

A. 控制回路 B. 制动回路

C. 主回路 D. 液压回路

36. 下列不属于额定载荷的是（B）的重量。

A. 操作人员 B. 作业平台

C. 材料 D. 工具

37. 下列不属于安全装置的是（C）。

A. 防坠安全器 B. 限位装置

C. 制动装置 D. 限载装置

38. 相序保护继电器的作用之一，是（C）。

A. 过载保护 B. 短路保护

C. 缺相保护　　　　D. 过热保护

39. 施工升降平台应采用常闭式制动器，断电时处于（C）状态。

A. 分离　　　　B. 半分离

C. 接合　　　　D. 半接合

40. 标准规定：应设有在作业平台（D）运行时的声光报警装置。

A. 额定速度　　　　B. 超速

C. 向下　　　　D. 向上

41. 标准规定：螺栓头部应露出螺母（B）个螺距。

A. 1 ～ 2　　　　B. 2 ～ 4

C. 3 ～ 5　　　　D. 5 ～ 6

三、多项选择题（将正确答案对应字母填入括号，多选或少选不得分。每题 2 分）

1. 施工升降平台比高处作业吊篮，具有（A、B、D）等突出优点。

A. 作业稳定性强　　　　B. 承载能力大

C. 结构轻便　　　　D. 作业面宽

2. 施工升降平台的安全防护装置包括:（A、C、D）和限位及连锁装置等。

A. 防坠落装置　　　　B. 制动装置

C. 防超载装置　　　　D. 自动调平装置

3. 施工升降平台的使用手册应规定导轨架最大（A、B、C、D）。

A. 独立安装高度　　　　B. 自由端高度

C. 允许安装高度　　　　D. 附墙架间距

4. 导轨架顶部应安装一节（A、D）的顶端专用标准节。

A. 颜色不同　　　　B. 厚度不同

C. 材质不同　　　　D. 不安装齿条

5. 导轨架标准节应采用高强度螺栓连接，其（A、B、C、D）。

A. 规格不小于 M16

B. 强度等级不小于 8.8 级

C. 拧紧力矩不小于 150N·m

D. 螺栓头部露出 2 ～ 4 个螺距

6. 安装作业前的准备工作包括（A、B、C）。

A. 编制专项施工方案　　B. 进行安全技术交底

C. 查验现场施工条件　　D. 进行安装质量自检

7. 安装拆卸人员作业时，应（A、B、D）。

A. 戴安全帽　　B. 系安全带

C. 穿塑料底鞋　　D. 穿紧身收口工作服

8. 标准规定：急停按钮应是（B、D）的。

A. 绿色　　B. 红色

C. 自动复位型　　D. 非自动复位型

9. 日常维护保养的“十字作业法”包括：（B、C、D）和清洁、防腐。

A. 修理　　B. 润滑

C. 调整　　D. 紧固

10. 专职电工应该配备（A、B、D）等常用电工仪表。

A. 钳形电流表　　B. 万用表

C. 经纬仪　　D. 兆欧表

11. 当（A、C、D）动作后，必须进行手动复位。

A. 急停按钮　　B. 行程限位开关

C. 极限限位开关　　D. 防坠安全器

12. 电源总开关跳闸的原因可能是（A、D）。

A. 存在短路　　B. 急停未复位

C. 接触器不吸合　　D. 相线接地

13. 平台下降正常，但无法上升的原因可能是（A、B、D）。

A. 上升按钮损坏　　B. 上限位开关常闭触点断开

C. 急停按钮未复位　　D. 上升接触器损坏

14. 电机启动困难，并伴有异常声响的原因可能是（A、B、C、D）。

A. 制动器整流桥烧毁　　B. 超载或严重偏载

C. 电动机缺相　　D. 电源电压过低

15. 作业平台运行存在抖动现象的原因可能是（A、B、C、D）。

A. 齿轮啮合侧隙过大　　B. 导轮间隙过小或不均匀

C. 制动片间隙不均匀　　D. 标准节或齿条接头阶差大

16. 作业平台向下运行发生撞底事故的原因可能是（A、B、C）。

A. 下限位开关失效　　B. 下极限碰块移位

C. 下极限开关损坏　　D. 下降按钮失效

17. 电动机制动器分离不开的原因可能是（B、C、D）。

A. 摩擦片磨损过度　　B. 整流桥损坏

C. 制动器线圈损坏　　D. 制动接触器损坏

18. 运行时，严禁（A、B、D）伸到作业平台以外。

A. 作业人员头部　　B. 作业人员肢体

C. 平台护栏　　D. 施工材料和工具

19. 延伸平台上不允许（A、B、C）。

A. 堆放零部构件　　B. 堆放施工材料

C. 堆放施工工具　　D. 承载作业人员

20. 标准规定:作业平台上的载荷图表应标明平台（A、B、D）。

A. 允许承载人数　　B. 额定载荷

C. 安全注意事项　　D. 载荷分布要求

第二部分　模拟实际操作场景考核题

一、简述与吊篮相比较施工升降平台所具有的优势

答:

1. 作业稳定性强;
2. 承载能力大;
3. 作业面宽;
4. 可在无法架设悬挂装置的施工现场使用。

二、简述施工升降平台主要由哪些部件组成

答:

1. 底架 / 底盘;
2. 导轨架和附墙架;
3. 驱动单元;
4. 作业平台;
5. 安全防护装置;
6. 电气控制系统。

三、施工升降平台主要有哪些安全防护装置?

答:

1. 防坠落装置;
2. 防超载装置;
3. 自动调平装置;
4. 限位装置;
5. 连锁装置。

四、简述导轨架安装技术要求

答:

1. 按规定控制导轨架最大独立安装高度、自由端高度和允许安装高度;
2. 控制相邻标准节主杆和齿条对接精度要求;
3. 按规定设置附墙架和上、下行程与极限限位装置;
4. 顶端安装一节专用标准节;
5. 超高安装加厚标准节;
6. 标准节应采用高强度螺栓连接,头部应露出2～4个螺距;
7. 导架安装后的垂直度偏差,应符合规定。

五、简述附墙架安装技术要求

答:

1. 应在一定范围内可以调节连接尺寸;
2. 一般每隔 6m 安装一个附墙架;
3. 最低的一道附墙架距离地面的高度为 3 ～ 4m ;
4. 最高一道附墙架应使的导轨架悬臂高度不超过 5.0m ;
5. 附墙架的最大水平倾角应不大于 ±8°。

六、简述作业平台安装注意事项

答:

1. 按对称顺序交替安装两侧平台标准节;

2. 单导架工作平台的两侧平台悬挑长度宜相等;

3. 平台安装最大长度不应超出使用手册规定;

4. 护栏安装高度符合标准规定;

5. 相邻作业平台端部间距应不小于 0.5m。

七、简述驱动系统安装技术要求

答:

1. 制动器应调整至能使载有 1.25 倍额定载荷的平台停止运行，且不应出现瞬时下滑的现象;

2. 齿轮与齿条的啮合宽度不小于 90% 的齿条宽度;

3. 齿面的接触长度沿齿高应不小于 40%，沿齿长应不小于 50%;

4. 齿面侧隙应为 0.2 ～ 0.5mm。

八、简述电气系统安装技术要求

答:

1. 应由专业持证电工进行电控系统安装;

2. 金属结构和电器金属外壳接地电阻应不大于 4Ω，重复接地电阻应不大于 10Ω;

3. 带电零件与机体间的绝缘电阻应不小于 2MΩ;

4. 导线与线束应卡牢、固定，不得松散、摆动;

5. 应确保证随行电缆在平台运行全程内收放自由、移动安全;

6. 电气控制箱门应安装锁具。

九、简述超速安全装置的安装技术要求

答:

1. 所安装的防坠安全器，应在有效标定内;

2. 应在平台速度超过 0.5m/s 之前触发;

3. 能制停载有 1.1 倍额定载荷的平台;

4. 触发时，应能自动切断驱动系统的控制回路。

十、简述调整超载/超力矩保护装置的技术要求

答:

1. 在平台达到 1.1 倍额定载荷/力矩前触发;

2. 触发时切断平台升降控制回路;

3. 触发后持续发出声光警告信号，直至超出的载荷被卸除。

十一、简述拆卸作业前准备工作

答:

1. 清除平台及导轨架上的杂物、垃圾、障碍物;

2. 对连接螺栓、附墙架、安全防护装置进行检查;

3. 重点确认防坠安全器和限位装置与极限装置有效性;

4. 在确保安全的情况下进行拆卸作业。

十二、简述拆卸附墙架的安全注意事项

答:

1. 始终保持导轨架自由端高度不大于最大自由端高度;

2. 需缓慢松开连接螺栓，防止因附墙架突然松开，造成导轨架晃动或失稳。

十三、简述空载试运行的操作事项

答:

1. 试运行前应确保齿轮、齿条之间无杂物，且对齿轮、齿条进行充分润滑;

2. 全行程范围运行不少于三个工作循环;

3. 在每个全行程中，不少于两次制动试验，其中在半行程处进行一次制动，制动器不应存在滑移现象;

4. 驱动装置不应出现滴油现象（15min 内有油珠滴落）。

十四、简述对安装队伍的基本要求

答:

1. 必须具备相应的资质与能力;

2. 必须明确安全技术负责人，进行统一指挥;

3. 在施工前，必须进行书面安全技术交底。

十五、简述安装前的准备工作

答：

1. 编制专项施工方案；
2. 进行安全技术交底；
3. 查验现场施工条件；
4. 做好施工准备工作。

十六、简述电动机无法启动的检查方法

答：

1. 逐项检查并且确认紧急停止按钮、热继电器是否复位；
2. 检查防坠安全器微动开关、各限位开关、控制线路空气开关等是否处于闭合状态；
3. 上、下行程限位开关、极限开关是否被碰断；
4. 主接触器、运行接触器、电磁铁接触器是否均已吸合。

十七、简述在供电正常的情况下主接触器不吸合原因

答：

1. 平台入口门未关闭到位，限位开关未闭合；
2. 急停按钮或微动开关或热继电器未复位；
3. 线路存在断路或开路情况；
4. 启动按钮或接触器损坏。

十八、简述电机启动困难，并伴有异常声响的原因

答：

1. 制动器没有完全打开；
2. 电源或电机缺相；
3. 超载或严重偏载。

十九、简述作业平台运行中常发生自动停车的原因

答：

1. 长时间超负荷运行，致使热继电器动作；
2. 平台入口门未关好，致使连锁开关接触不良；
3. 控制线路接触不良。

二十、简述行程限位装置不起作用的原因

答:

1. 限位开关损坏或失效;
2. 限位碰块移位;
3. 接触器触点粘接;
4. 操作手柄或按钮触点粘接。

附录三　施工升降平台操作安装维修工理论考试样卷（无纸化）

施工升降平台操作安装维修工理论试卷（样卷 A）

一、判断题（正确的画√，错误的画×。每题 2 分，共 60 分）

1. 施工升降平台操作安装维修工应培训考核持证上岗。（√）

2. 施工升降平台与高处作业吊篮的施工作业领域完全不同。（×）

3. 施工升降平台在某些方面具有高处作业吊篮难以替代的优势。（√）

4. 额定载荷是施工升降平台设计者允许的最大工作载荷。（√）

5. 靠背轮的作用是平衡驱动齿轮与齿条啮合的轴向力。（×）

6. 底座是承载施工升降平台整机重量和工作载荷的承力部件。（√）

7. 顶端专用标准节应设置齿条。（×）

8. 单导轨架工作平台的两侧平台悬挑长度应尽量相等。（√）

9. 附墙架连接尺寸应不可调节。（×）

10. 作业平台底板上的活板门不得向下打开，且应可靠锁紧。（√）

11. 电控系统的安装应由专业持证电工进行。（√）

12. 被拆卸的零部构件运至地面后，应随机码放整齐。（×）

13. 安装拆卸作业必须明确安全技术负责人，进行统一指挥。（√）

14. 在安拆施工前，必须进行口头安全技术交底。（×）

15. 作业人员饮酒后，必须头脑清醒方可上岗。（×）

16. 在施工升降平台作业区域设置警戒线及明显的警示标志或派专人监护。（√）

17. 行程限位开关应不能自动复位。（×）

18. 整机安装完毕后，应由安装单位对照规定的检验项目进行自检。（√）

19. 延伸平台只允许堆放零部构件及物料，不得承载作业人员。（×）

20. 在作业中发生故障或危及安全的情况时，应立即停止作业。（√）

21. 作业人员在下班后，应立即离开施工现场。（×）

22. 拆卸作业应遵循后装的零部件，先行拆卸的原则。（√）

23. 在专用吊杆上有悬吊物时，应平稳开动作业平台。（×）

24. 当作业平台升降时，严禁进入平台下方区域。（√）

25. 在安拆过程中，必须按平台额定载重量进行装载，不允许超载运行。（×）

26. 平台上的操作人员必须系安全带、戴安全帽、穿防滑鞋。（√）

27. 平台上的乘员必须均匀分布。（×）

28. 严禁在作业平台上使用梯子和凳子等垫脚物进行作业。（√）

29. 正常运行时，可以使用制动器的手动释放装置使作业平台滑降。（×）

30. 为提高试验时的安全性，应另行设置坠落试验操控线路。（√）

二、单项选择题（选择一个正确答案，将对应字母填入括号。每题 2 分，共 30 分）

1. 靠背轮的作用是，平衡驱动齿轮与齿条啮合的（D）。

A. 轴向力　　B. 切向力

C. 周向力　　D. 径向力

2. 相邻标准节主杆的结合面对接处相互错位形成的阶差应不大于（C）mm。

A. 0.5　　B. 0.6

C. 0.8　　D. 1.0

3. 附墙架安装后的最大水平倾角应不大于（B）。

A. ±6°　　B. ±8°

C. ±10°　　D. ±12°

4. 延伸平台与主平台的高度差应不大于（C）m。

A. 0.3　　B. 0.4

C. 0.5　　D. 0.6

5. 相邻作业平台端部间距应不小于（D）m。

A. 0.2　　B. 0.3

C. 0.4　　D. 0.5

6. 齿轮与齿条啮合的齿面侧隙应为（B）mm。

A. 0.1 ～ 0.4　　B. 0.2 ～ 0.5

C. 0.3 ～ 0.6　　D. 0.4 ～ 0.7

7. 施工升降平台带电零件与机体间的绝缘电阻应（C）。

A. 不小于 4Ω　　B. 不大于 4Ω

C. 不小于 2MΩ　　D. 不大于 2MΩ

8. 防超速下降装置应在平台速度超过（D）m/s 之前触发制动停止平台。

A. 0.2　　B. 0.3

C. 0.4　　D. 0.5

9. 额定安装载重量，即（C）额定载重量。

A. 30%　　B. 40%

C. 50%　　D. 60%

10. 行程限位开关应选择（A）型。

A. 自动复位　　B. 延时触发

C. 非自动复位　　D. 延时闭合

11. 驱动单元导轮与导轨架导向立柱两侧间隙之和不大于（D）。

A. 0.5mm　　B. 0.75mm

C. 1.0mm　　D. 1.5mm

12. 标准规定：作业平台正常运行时的纵向倾斜角度允差为（C）。

A. ±1.0°　　B. ±1.5°

C. ±2.0°　　D. ±2.5°

13. 热保护继电器的作用是防止（A）。

A. 长期过载运行　　B. 限位装置失效

C. 超范围运行　　D. 系统失控

14. 下列不属于额定载荷的是（B）的重量。

A. 操作人员　　B. 作业平台

C. 材料　　D. 工具

15. 施工升降平台的常闭式主制动器，断电时处于（C）状态。

A. 分离　　B. 半分离

C. 接合　　D. 半接合

三、多项选择题（将正确答案对应字母填入括号，多选或少选均不得分。每题 2 分，共 10 分）

1. 与高处作业吊篮相比较，施工升降平台具有（A、B、D）等突出优点。

A. 作业稳定性强　　B. 承载能力大

C. 结构轻便　　D. 作业面宽

2. 安装作业前的准备工作包括（A、B、C）。

A. 编制专项施工方案　　B. 进行安全技术交底

C. 查验现场施工条件　　D. 进行安装质量自检

3. 标准规定：急停按钮应是（B、D）的。

A. 绿色　　B. 红色

C. 自动复位型　　D. 非自动复位型

4. 平台下降正常，但无法上升的原因可能是（A、B、D）。

A. 上升按钮损坏　　B. 上限位开关常闭触点断开

C. 急停按钮未复位　　D. 上升接触器损坏

5. 运行时，严禁（A、B、D）伸到作业平台以外，避免运行中发生危险。

A. 作业人员头部　　B. 作业人员肢体

C. 平台护栏　　D. 施工材料和工具

附录四　施工升降平台操作安装维修工实际操作考核记录表（样表A）

姓名：　　　　　　　　　　　　　　准考证号：

<table>
<tr><th>序号</th><th colspan="2">考核项目</th><th>扣分标准</th><th>标准分值（分）</th><th>扣除分值（分）</th></tr>
<tr><td>1</td><td colspan="2">安全带、安全帽佩戴</td><td>每处错误扣5分</td><td>10</td><td></td></tr>
<tr><td>2</td><td colspan="2">空载升降运行操作</td><td>每处错误扣5分</td><td>10</td><td></td></tr>
<tr><td>3</td><td colspan="2">急停操作</td><td>每处错误扣5分</td><td>10</td><td></td></tr>
<tr><td>4</td><td colspan="2">模拟手动滑降操作</td><td>每处错误扣5分</td><td>10</td><td></td></tr>
<tr><td>5</td><td colspan="2">模拟自动调平装置调整</td><td>每处错误扣5分</td><td>10</td><td></td></tr>
<tr><td>6</td><td colspan="2">电动吊杆操作</td><td>每处错误扣5分</td><td>10</td><td></td></tr>
<tr><td rowspan="4">7</td><td rowspan="4">模拟实操场景考核项目</td><td colspan="2">（1）简述与吊篮相比较施工升降平台所具有的优势</td><td>10</td><td></td></tr>
<tr><td colspan="2">（2）简述附墙架安装技术要求</td><td>10</td><td></td></tr>
<tr><td colspan="2">（3）简述调整超载／超力矩保护装置的技术要求</td><td>10</td><td></td></tr>
<tr><td colspan="2">（4）简述电动机无法启动的检查方法</td><td>10</td><td></td></tr>
<tr><td colspan="4">合　　计</td><td>100</td><td></td></tr>
</table>

考评员签字：　　　　　　考评组长签字：　　　　　　监考人员签字：

考核日期：　　年　　月　　日

参考文献

[1]《中华人民共和国宪法》
[2]《中华人民共和国刑法》
[3]《中华人民共和国劳动法》
[4]《中华人民共和国安全生产法》
[5]《中华人民共和国建筑法》
[6]《中华人民共和国消防法》
[7]《建设工程安全生产管理条例》（中华人民共和国国务院令第 393 号）
[8]《特种作业人员安全技术培训考核管理规定》（安全生产监督管理总局令第 80 号）
[9]《危险性较大的分部分项工程安全管理规定》（住房和城乡建设部令第 37 号）
[10]《建筑业从业人员职业道德规范（试行）》（〔97〕建建综字第 33 号）
[11]《住建部办公厅关于实施〈危险性较大的分部分项工程安全管理规定〉有关问题的通知》（建办质〔2018〕31 号）
[12] 中华人民共和国国家标准．头部防护 安全帽 GB 2811—2019 [S]．北京：中国标准出版社，2019.
[13] 中华人民共和国国家标准．安全标志及使用导则 GB 2894—2008[S]．北京：中国标准出版社，2009.
[14] 中华人民共和国国家标准．高处作业分级 GB/T 3608—2008 [S]．北京：中国标准出版社，2009.
[15] 中华人民共和国国家标准．安全带 GB 6095—2009 [S]．北京：中国标准出版社，2009.
[16] 中华人民共和国国家标准．坠落防护 带柔性导轨的自锁器 GB/T 24537—2009 [S]．北京：中国标准出版社，2010.

[17] 中华人民共和国国家标准．坠落防护 安全绳 GB 24543—2009［S］．北京：中国标准出版社，2010.

[18] 中华人民共和国国家标准．升降工作平台 导架爬升式工作平台 GB/T 27547—2011［S］．北京：中国标准出版社，2010.

[19] 中华人民共和国行业标准．施工现场临时用电安全规范 JGJ 46—2005［S］．北京：中国建筑工业出版社，2005.

[20] 中华人民共和国行业标准．建筑施工高处作业安全技术规范 JGJ 80—2016［S］．北京：中国建筑工业出版社，2016.

[21] 中华人民共和国行业标准．混凝土结构后锚固技术规程 JGJ 145—2013［S］．北京：中国建筑工业出版社，2016.

[22] 中国建筑业协会建筑安全分会，北京康建建安建筑工程技术研究有限责任公司．高处施工机械设施安全实操手册［M］．北京：中国建筑工业出版社，2016.

[23] 江苏省高空机械吊篮协会．高处作业吊篮安装拆卸工［M］．北京：中国建筑工业出版社，2019.